Contributos para um mundo mais sustentável.

O equilíbrio da biosfera, os obstáculos à sustentabilidade e a importância da educação para uma identidade sustentável.

MARCO PAIS NEVES DOS SANTOS

Copyright © 2018 Marco Pais Neves dos Santos
https://orcid.org/0000-0002-8671-1414

Revisão: Maria da Graça Lopes Coelho Cristino

Fotografia de capa: © Vanessa Mafra. *Calendula officinalis*. Jardim do Cerco (Mafra), em junho de 2009.

Todos os direitos reservados.

ISBN: 978-1-9833-1516-9

Edição de autor.

Sintra, 15 de julho de 2018

DEDICATÓRIA

Ao Enzo Fialho dos Santos,
minha alegria.

CONTEÚDO

Apresentação.		7
1	Pelo equilíbrio da Biosfera.	15
2	Os grandes obstáculos à sustentabilidade. A fome e a miséria.	29
3	A importância da relação dos filhos com os pais na construção da identidade, contribuindo para a sustentabilidade.	47
4	Promoção da educação ambiental. O caso da Associação Cultural Moinho da Juventude e do seu trabalho junto dos habitantes do Bairro do Alto da Cova da Moura (Amadora/Portugal).	59
5	Movimentos de Cidadania Ambiental. O movimento dos povos da floresta Amazónica.	73
6	O Jardim Botânico da Ajuda (Lisboa/Portugal).	85
7	A maior flor (ou melhor, inflorescência) do Mundo!	93
	Breve nota biográfica	103

APRESENTAÇÃO

A **sustentabilidade** começou por ser um conceito teórico de expressão académica, e durante muito tempo assim permaneceu, mas hoje em dia é uma palavra que consta do vocabulário do comum dos cidadãos, muito utilizada no nosso quotidiano e geralmente associada, de forma redutora, à preservação ambiental (sustentabilidade ecológica).

Mas o que significa? De forma simplista, pode-se definir como um postulado de que é possível utilizar os recursos naturais para satisfazer as nossas necessidades sem comprometer a capacidade das gerações vindouras para satisfazerem as suas, e, simultaneamente, como uma tentativa de combinar as crescentes preocupações sobre determinadas questões ambientais com as questões socioeconómicas e de governança.

O desenvolvimento sustentável há muito que deixou de se resumir à questão ecológica e passou a englobar as questões socioeconómicas e de governança, e muito bem, porque o desenvolvimento social tem diferentes significados e provoca uma multiplicidade de respostas humanas, objetivando estabelecer nas sociedades responsabilidades comuns, contudo diferenciadas, equidade intra - e intergeracional, justiça, participação e igualdade de género.

Hoje é um conceito de elevada abrangência filosófica, social e política. Falar de sustentabilidade é falar de uma multiplicidade de temas e assuntos, nomeadamente alterações climáticas e energias limpas, saúde pública, exclusão social, alterações demográficas e migrações, gestão dos recursos naturais, transportes sustentáveis, pobreza no mundo e desafios do desenvolvimento.

A expressão foi vulgarizada, com muitas consequências positivas mas também negativas, porque não poucas vezes se rotula de sustentável algo (ou alguma coisa) que na verdade nada tem de sustentável, como são as práticas empresariais de propaganda enganosa (*greenwashing*) adotadas por empresas empenhadas em desenvolver uma responsabilidade social empresarial perniciosa ou ilusória.

Então, o que é ser sustentável? É um estado de espírito e de bem-estar que nos permite obviar ao consumismo extractivista e predatório introduzido e incentivado pelo capitalismo industrialista, e nos leva a enveredar por um modelo de vida em harmonia com o cosmos, traduzindo-se, na prática, pela valorização prioritária do capital natural face ao capital fabricado. Se quisermos, é o contrário do que acontece no modelo atual, escorado na importância atribuída à prosperidade consumista imediata.

Hopwood *et al.* (2005) apresentam três abordagens da forma como podemos atuar para a sustentabilidade: (i) **status quo** (manter os padrões de consumo e operar algumas mudanças); (ii) **reformista** (manter a estrutura socioeconómica, mas elevar o conhecimento e a informação); e (iii) **transformista** (alterar a estrutura para evitar o colapso).[1]

Manter a situação atual não parece ser uma boa solução. Primeiro, porque é bastante débil e produtora de desequilíbrios; segundo, porque o modelo atual de crescimento parece não ter respostas nem interesse em alterar o *status quo*, pelo contrário, parece tentado em agravar a situação. A solução reformista, que poderia parecer a melhor, a mais confortável, também poderá não ser a mais indicada dadas as incertezas que a acompanham. A atitude transformista será então a mais indicada para adotarmos no quotidiano, e é urgente que a adotemos, porque só assim estaremos em condições de fazer uso da atitude e da agência (*agency*) necessárias para realizar alterações benignas e efetivar a polinização da ideia e do princípio da sustentabilidade, muito importante numa sociedade onde os problemas não são locais, são globais. O que, aliás, nos permitiria sermos mais dignos de viver em sociedade.

É disso que trata esta pequena obra de leitura rápida, escrita numa uma linguagem acessível mas sem nunca perder de vista o rigor científico. Nela reuni seis artigos de minha autoria publicados em periódicos brasileiros, entre 2014 e 2016, e um resumo de um trabalho que realizei na unidade curricular de Ética e Cidadania Ambiental do curso de Mestrado em Cidadania Ambiental e

---

[1] HOPWOOD, B.; MELLOR, M.; O'BRIEN, G. Sustainable Development: Mapping Different Perspectives. Sustainable Development. Vol. 13, n.º 1, 2005, p. 38-52. DOI: 10.1002/sd.244.

Participação, na Universidade Aberta, no ano letivo de 2010/2011, cuja organização e composição foi norteada por dois objetivos nucleares. O primeiro tem a ver com a vontade de promover a divulgação destes artigos em maior escala, por abordarem temas diversos da pesquisa sobre a sustentabilidade nucleares para a sociedade atual, por ser este um conceito que trata as nossas relações morais com o mundo. O segundo tem a ver com a vontade de coligir numa única publicação e em suporte duradouro várias publicações avulsas, das quais quatro foram publicados numa revista entretanto descontinuada.[2]

A seguir apresento uma sinopse dos vários artigos que é possível ler nesta curta obra.

No primeiro artigo, intitulado "Pelo equilíbrio da Biosfera", faço uma concisa contextualização histórico-evolutiva das principais iniciativas internacionais tendentes a promover um mundo mais sustentável, abordo a questão da responsabilidade social empresarial (RSE), dando exemplos de *greenwashing* (lavagem verde, em português), e termino com sugestões que permitem a todos nós adotar uma atitude mais digna de viver em sociedade.

No artigo seguinte, com o título: "Os grandes obstáculos à sustentabilidade. A fome e a miséria", começo com uma contextualização histórica do tema da sustentabilidade, onde me permito concluir que **esta é a primeira época da história em que a**

---

[2] *Revista Pensando em Você - Educação Ambiental*, que cessou a atividade no mês de abril de 2016, logo depois de ter publicado a edição de DEZ/JAN/FEV – 2015/16 (Ano 3 / Nº 9).

fome coexiste com o excesso e o desperdício de comida. De seguida abordo a questão do desperdício alimentar, através da análise do relatório da Institution of Mechanical Engineers e das estimativas da Food and Agriculture Organization (FAO) e do World Resources Institute, que dão conta de que ⅓ dos alimentos produzidos a nível mundial não chegam ao consumidor, e de que entre 25% e 33% da comida confecionada é desperdiçada. Por fim, passo revista às principais obras já publicadas que relacionam o crescimento populacional com os recursos naturais disponíveis, introduzo a figura da pegada ecológica, abordo o flagelo da fome e a importância da luta contra o mesmo, dando destaque à Declaração do Milénio e aos Objetivos do Desenvolvimento do Milénio (ODM). Por fim, aponto a necessidade de as sociedades da tecnologia e do conhecimento, alfabetizadas e que vivem em democracia, procederem a uma reflexão introspetiva sobre o seu *modelo de crescimento,* ambientalmente destrutivo e causador de assimetrias sociais regionais e globais.

No terceiro artigo, dedicado à educação, abordo "A importância da relação dos filhos com os pais na construção da identidade, contribuindo para a sustentabilidade". Começo por trabalhar o conceito de identidade na perspetiva de vários autores da psicologia, de seguida enfatizo o papel dos pais no desenvolvimento da identidade dos seus filhos, pois é na família que se dá a socialização primária, onde são transmitidas regras, normas, valores e comportamentos, e concluo alertando para a necessidade de todos nós envidarmos esforços com vista à adoção de uma nova filosofia de vida, de uma nova maneira de viver, ou seja, de um modelo efetivo de educação para o desenvolvimento sustentável que tem de ser um processo permanente e inesgotável. A socialização primária é muito importante para o desenvolvimento de uma identidade sustentável, porque os pais têm efetivamente uma grande influência nas atitudes e comportamentos dos seus filhos. Não tenhamos dúvidas: não há futuro sem educação e sem uma efetiva alfabetização ecológica, especialmente quando as questões relacionadas com o ambiente têm vindo a adquirir uma grande importância no mundo e na sociedade.

No quarto artigo, centrado na promoção da educação ambiental, na educação para a mudança e para a democracia, apresento um caso de estudo – a Associação Cultural Moinho da Juventude (ACMJ) e o seu trabalho junto dos habitantes do Bairro do Alto da Cova da Moura (Amadora/Portugal). Começo por referir como se pode educar para a mudança e para a democracia, de acordo com as indicações do Professor Hermano Carmo, salientando que para essa aprendizagem ser bem-sucedida é fundamental que exista nos cidadãos capacidade crítica e vontade de participar, e concluo com o exemplo da ACMJ, que realiza um trabalho notável na área da educação para a sustentabilidade, aproximando as preocupações económicas, sociais, culturais e ambientais das preocupações de governança.

No quinto artigo, acerca dos movimentos de cidadania ambiental, abordamos o movimento dos povos da floresta Amazónia, em especial a luta dos seringueiros do Acre. Destacamos o trabalho de Chico Mendes, na defesa da reserva extrativista, na luta contra o desmatamento e na autodefesa dos seringueiros. Os povos da floresta defendem que cada um de nós é parte integrante de um ecossistema mundial que deve ser protegido, e que o nosso futuro depende da vontade individual em abraçar o desafio conjunto de agir de forma responsável. Todos devemos participar ativamente neste processo de desenvolvimento, inserindo-nos em movimentos de cidadania ativa e participativa, adotando novas regras de reciprocidade e de responsabilidade, para um mundo melhor e mais sustentável.

O sexto artigo, na área da botânica, é dedicado à paisagem e intitula-se "O Jardim Botânico da Ajuda (Lisboa/Portugal)". Começo por referir a importância dos jardins botânicos enquanto centros de conservação e formação e respeitados "laboratórios da natureza", para depois explorar o processo de construção do Jardim Botânico da Ajuda, a sua configuração arquitetónica, espólio, valências e função pedagógica, o que acredito ser um justo reconhecimento de uma instituição que no século XVIII foi pioneira no desenvolvimento da História Natural em Portugal, onde se aprendia e se ensinava, e de onde saíam preciosas indicações para a economia do país. Concluo apresentando os propósitos estruturantes que hodiernamente moldam a sua iniciativa, a investigação científica, a conservação, a educação ambiental e o lazer, e sugiro a sua visita.

O sétimo artigo, na área da biologia, é dedicado a uma flor muito especial – a *Amorphophallus titanum* (ou flor-cadáver) - e intitula-se A maior flor (ou melhor, inflorescência) do Mundo! Começo por abordar o que são as flores, como se distinguem pelas suas características intrínsecas e pelas suas dimensões, e a sua importância para os mundos natural e cultural. A seguir, foco a flor-cadáver, referindo o seu nome científico e comum, estado de conservação, *habitat*, principais usos, riscos conhecidos e taxonomia. Concluo que é uma planta solitária, de difícil cultivo fora do seu habitat natural, que está classificada como vulnerável pela União Internacional para a Conservação da Natureza e dos Seus Recursos (UICN), e que se caracteriza pelo cheiro nauseabundo em floração, que é rara e imprevisível, e pela sua grande estrutura.

Os assuntos por serem todos relacionados com a macro categoria da sustentabilidade, permitiram que intitulasse de "Contributos para um mundo mais sustentável" este feixe de estudos, de forma despretensiosa e leve.

Espero que a leitura seja aprazível.

Marco Pais Neves dos Santos

Mem Martins, 1 de maio de 2018

1 PELO EQUILÍBRIO DA BIOSFERA [3]

"Sustentável" é algo que se pode sustentar, que se pode defender, suportar ou aguentar. A nossa forma atual de viver, altamente extractivista, predadora e consumista, lesiva à restante vida da Terra, não é moralmente defensável, muito menos se consegue aguentar, pelo que só pode ser classificada como insustentável. É este estado de coisas que é necessário alterar no imediato, porque disso depende o equilíbrio da biosfera e, consequentemente, a nossa sobrevivência. É sobre essa necessidade de mudança que vamos tratar no presente artigo, de forma muito concisa e seletiva porque as limitações de espaço assim o obrigam. Começaremos com uma breve contextualização histórico-evolutiva, que revela o quanto esta situação constitui uma preocupação para a humanidade (apesar de ainda não termos tido a capacidade e inteligência necessárias para a ultrapassar), para terminar com sugestões que permitem a todos nós

---

[3] Artigo publicado pela primeira vez na *Revista Ação Sustentável*, com o título: "Pelo equilíbrio da Biosfera. Uma opinião sustentável", em 09 de setembro de 2016.

adotar uma atitude mais digna de viver em sociedade.

A partir de finais do século XVIII, com o advento da revolução industrial e do capitalismo industrialista, soaram os primeiros sinais de alarme para os efeitos da ação antrópica. A campainha nunca mais se calou. As necessidades do capitalismo industrialista criaram uma espécie de equação recíproca negativa, em que não havia riqueza sem existir extração e poluição, sendo que a riqueza e o crescimento económico justificavam a destruição. A poluição parecia ser "um mal necessário" e manifestava-se sobretudo na contaminação das águas e do ar nos países em ascendente industrial.

Ambientalistas, grupos de pressão, organizações não-governamentais, diversos atores da sociedade civil e pessoas ligadas à Universidade, entre outros, muitos outros, nos anos 60 do século XX, questionaram assertivamente o modelo de desenvolvimento económico então vigente, audaz e rapinante, sendo a obra "Primavera Silenciosa" (1962), de Rachel Carlson, um marco nesta luta. Três anos depois da publicação dessa obra, numa Conferência sobre Educação realizada na Universidade de Keele, na Grã-Bretanha, utilizou-se pela primeira vez a expressão "Educação Ambiental", e passados seis anos ocorreram as manifestações de *Maio de 68*, em França, no mesmo ano em que Garrett Hardin publicaria o famoso artigo "Tragédia dos Comuns". Este artigo muito questionável, senão intelectualmente indigente e falacioso, apontava para a irreconciliável contradição entre as lógicas do interesse individual e as lógicas do interesse coletivo, alicerçadas na própria natureza humana, inerentemente egoísta, conflitual e agressiva relativamente ao Outro, bem expressa na frase de Plauto celebrizada por Thomas Hobbes *"Homo homini lupus est"* (o homem é um lobo para o homem). Ainda em 1968, assistiu-se à fundação do Clube de Roma com o objetivo de discutir a utilização dos recursos e o modelo de crescimento económico, que viria a ficar conhecido pela publicação do relatório "Os Limites do Crescimento" (1972), redigido por uma vasta equipa de especialistas do Instituto de Tecnologia de Massachusetts e coordenado por Donella Meadows. Por que motivo este relatório deu tanto protagonismo ao Clube de Roma, na altura uma instituição credível mas recente? Porque depois de analisar os resultados de uma simulação por computador de um crescimento económico e demográfico exponencial, com recursos finitos, concluía que o crescimento populacional não era compatível com os recursos naturais existentes e a produção de resíduos, e previa que, se nada fosse feito, a Humanidade iria enfrentar graves desafios à sua sobrevivência no final do século XXI. Por outras palavras, previa o colapso económico e social no século XXI, o que desencadeou por todo o mundo a realização de conferências, relatórios e tratados ambientais.

A Conferência das Nações Unidas sobre o Meio Ambiente Humano, também conhecida por Conferência de Estocolmo (1972), foi a primeira ação a nível mundial para tentar organizar a intervenção política das nações e as relações Ser Humano *Vs* Meio Ambiente, numa altura em que a comunidade científica alertava para os graves problemas que poderiam decorrer da poluição atmosférica provocada pelas indústrias (ex. chuva ácida e a inversão térmica).

Nesta Conferência, opuseram-se os interesses dos países desenvolvidos aos dos países em desenvolvimento, e no essencial não foram encontradas soluções eficazes. As empresas ocidentais, procurando responder à demanda consumista incentivada pela lógica capitalista, continuaram a deslocalizar produção e poluição para os países menos desenvolvidos, continuando a escalada de agressão ambiental. Daqui decorre que este evento não superou os objetivos, nem acomodou os anseios dos ecologistas, que continuaram a sua luta.

Em 1980, no encontro subordinado ao tema *Estratégia Mundial para a Conservação* (em inglês World Conservation Strategy), surgiu pela primeira vez o termo "sustentabilidade" centrado na sustentabilidade ecológica e visível na secção *Rumo ao Desenvolvimento Sustentável* do relatório final, preparado pela União Internacional para a Conservação da Natureza e dos Recursos Naturais (IUCN, na sigla inglesa). Neste documento foi estabelecido o objetivo lato de aproximar de forma estratégica a conservação dos ecossistemas e o desenvolvimento. Logo depois, seria publicado o Relatório de Brundtland (1987). Não obstante o seu teor humanista, que, diga-se, não entendia a natureza como um sujeito de direito e com valor intrínseco, materializou a primeira definição para o conceito "Desenvolvimento Sustentável", como aquele que permite "satisfazer as necessidades do presente sem comprometer a capacidade das gerações futuras em satisfazerem as suas próprias necessidades". Foi um relatório que, na parte positiva (sim, porque também haveria a referir aspetos menos conseguidos), lançou as bases para a

Conferência do Rio (1992), contribuiu para o reconhecimento global de que as muitas crises que o planeta enfrenta estão interligadas e não são atos isolados, e reforçou a necessidade de todos os setores da sociedade serem consultados previamente à tomada de decisões inerentes ao desenvolvimento sustentável.

A Conferência das Nações Unidas sobre Ambiente e Desenvolvimento, também designada Conferência do Rio (1992), reafirmou e deu seguimento à Conferência de Estocolmo, e culminou na realização de diversos tratados e documentos na área do ambiente, com o objetivo de dar uma resposta efetiva ao crescendo de preocupações e tendências alarmantes na biosfera.

Foi muito importante especialmente pela aprovação da Agenda 21 Local, sob o lema *"Pensar global, agir local"*, que proclama a necessidade de corrigir os modelos socioeconómicos orientados para o crescimento fácil e descomprometido, em nome do tão desejado desenvolvimento sustentável, e também porque aqui têm génese três tratados hoje em dia determinantes no quadro da sustentabilidade: Convenção-Quadro das Nações Unidas para o Combate às Alterações Climáticas (UNFCCC, na sigla inglesa), Convenção sobre Diversidade Biológica, ou Convenção da Biodiversidade (CBD, na sigla inglesa), e Convenção das Nações Unidas de Combate à Desertificação (UNCCD, na sigla inglesa).

Seguidamente, realizaram-se vários eventos mundiais de iniciativa pública e privada com o objetivo de promover o debate e a reflexão, vários países adotaram leis específicas contra a poluição, foram publicadas muitas obras literárias e artigos científicos sobre os efeitos da ação antrópica (poluição do solo, do ar e da água) e sobre o tema da sustentabilidade em geral, e foram criados movimentos associativos em favor da natureza, entre muitas outras atividades e acontecimentos. Mas os objetivos económicos eram (e são) soberanos, interessavam a governantes, empresários e a uma população maioritariamente desinformada, e o cenário dantesco teimava em não se alterar.

Na viragem do século, Kofi Annan, então Secretário-Geral das Nações Unidas, considerou ser o momento de dar um novo impulso à luta contra a pobreza e a favor do desenvolvimento, e introduziu recomendações objetivas no Relatório do Milénio - *"Nós, os Povos, as Nações Unidas do Século XXI"*. Em 2000, os líderes mundiais, unidos pela vontade de estabelecer uma agenda global de compromissos basilares pela promoção da dignidade humana, aprovaram a Declaração do Milénio. A terceira secção desta declaração, subordinada ao tema "Desenvolvimento e erradicação da pobreza", terá sido capital para a definição dos oito Objetivos de Desenvolvimento do Milênio (ODM), dotados de metas a alcançar e tidos como um guia para a estratégia conjunta – (i) reduzir a pobreza extrema e a fome; (ii) alcançar o ensino primário universal; (iii) promover a igualdade de género e o empoderamento das mulheres; (iv) reduzir a mortalidade infantil; (v) melhorar a saúde materna; (vi) combater o VIH/SIDA, a malária e outras doenças; (vii) garantir a sustentabilidade ambiental; e (viii) criar uma parceria mundial para o desenvolvimento.

Em 2002, em Joanesburgo, na África do Sul, realizou-se a Cimeira

Mundial sobre o Desenvolvimento Sustentável, também conhecida por Rio+10. Os ambientalistas estavam convictos da justeza das suas conclusões e depositavam muita esperança nos resultados desta Convenção. No entanto, as suas expectativas foram algo defraudadas, apesar da importância dos dois documentos que daqui resultaram - a Declaração de Joanesburgo para o Desenvolvimento Sustentável e o respetivo Plano de Implementação (PI) - bem como das inúmeras parcerias que foram estabelecidas entre governos, empresas e organizações não-governamentais. Com nota positiva destacam-se a importância conferida ao papel das mulheres, em prol da sua capacitação e de melhores condições para a sua participação democrática nas políticas de desenvolvimento sustentável, e ainda a identificação das metas para a erradicação da pobreza, a alteração dos padrões de produção e de consumo, e a salvaguarda dos recursos naturais. Com nota negativa, é de assinalar a retração de alguns países, nomeadamente os EUA, no momento de fixar metas objetivas. É que metas vagas não passam de um conjunto de promessas ambíguas.

A Conferência das Nações Unidas sobre Desenvolvimento Sustentável (CNUDS), também conhecida por Rio+20 (2012), focou-se no modelo de desenvolvimento ambientalmente sustentável, e tratou como quadro analítico central a erradicação da pobreza, a economia verde e a estrutura institucional para o desenvolvimento sustentável. O documento de base final, subscrito pelos chefes de Estado e de Governo que estiveram presentes e intitulado *"O Futuro que Queremos"*, padece de algumas fragilidades (não se percebe como se vão atingir os objetivos de uma economia verde), deveria ter sido mais ambicioso na fixação das obrigações e na implementação, mas merece pelo menos o nosso reconhecimento por dispor de orientações relevantes e inaugurar novos caminhos para a mudança. O documento também estabelece algumas metas, nomeadamente nos setores da água, da energia, da erradicação da pobreza e dos transportes sustentáveis, sem que apresente deveres específicos. Trata-se apenas de metas indicativas, que valem pelo simbolismo. Não obstante, esta Conferência potenciou uma discussão muito abrangente a nível planetário, que permitiu dilatar a compreensão geral dos desafios que se colocam ao ecossistema global.

De todos os eventos referidos, e só destacámos os mais simbólicos, nota-se um trilho positivo mas lento que não atende às necessidades mais urgentes da mãe Terra, em especial dos povos que a habitam e que são vítimas do agravamento de problemas como a pobreza, o desemprego, as desigualdades sociais, a fome, a desnutrição, as limitações no acesso à educação, a cuidados de saúde e à habitação condigna, a concentração de riqueza, e os danos ambientais como o declínio da biodiversidade e dos serviços ambientais, a poluição e a degradação do solo, do ar e da água, o desmatamento, as alterações climáticas, entre outros. Para que a comunidade humana da Terra possa trilhar um caminho sustentável, terá de incorporar nos seus processos justiça social, diversidade cultural, desenvolvimento económico (no processo produtivo e operacional) e conservação ambiental.

A comunidade humana da Terra até pode laborar obstinadamente para aumentar a produção e o consumo, mas a verdade é que o constante aumento do Produto Interno Bruto (PIB) não significa o constante aumento da qualidade de vida das pessoas. E disso já temos provas bastantes. Desde logo, porque os recursos naturais são finitos e, como tal, não pode o crescimento à base desses recursos ser suportado infinitamente. Ademais, o crescimento económico gera desigualdades e não é sinónimo de desenvolvimento, sendo este último mais amplo e abrangente e integrador de questões éticas, ambientais, sociais, políticas, culturais, entre outras, para a melhoria da qualidade de vida e do bem-estar das pessoas. Por tudo isso, e salvo melhor opinião, o "decrescimento", um novo paradigma de crescimento que bem se poderia designar de "crescimento alternativo", poderá ser essencial, caso se efetive, claro está, de forma proporcional ao nível de produtividade de cada país.

Acresce que, na ausência de um reequilíbrio da riqueza mundial, fica difícil responder a duas questões: há recursos suficientes para que todos os países cresçam? Qual o grau de escassez dos recursos? Já na década de 70 do século XX, Paul Ehrlich acreditava que se tinha atingido o limite do crescimento, porque os recursos naturais não suportariam elevados níveis de consumo para todos os países, e aconselhou, em conjunto com outros autores, que se procedesse à redução do nível do produto dos países desenvolvidos para que os recursos fossem afetos a economias menos desenvolvidas, fazendo com isto crescer o nível de vida destas populações.

Passados quarenta anos de continuação de assimetrias socias e desequilíbrios regionais no desenvolvimento, muito por culpa do tecido empresarial e industrial capitalista que, nas palavras de David Harvey congrega "os racionalizadores irracionais de um sistema irracional", fica-se com a sensação de que o mais importante não é a escassez dos recursos, mas a existência de recursos suficientes para a continuidade do processo assimétrico de crescimento económico.

O processo de reajustamento do modelo económico, no contexto de uma economia verde, terá de ser transversal a todo o mundo empresarial e industrial privado e não poderá negligenciar as pretensões e os âmbitos de atividade das entidades sem fins lucrativos. Assume especial relevância o aumento do investimento privado na criação e/ou renovação de empresas socais, que não visam o lucro, sabendo, é certo, que estas nunca podem representar a globalidade da economia, mas podem dar-lhe equilíbrio. Muhammad Yunus tem imensa obra produzida sobre este tema, e dá mesmo como exemplo a Grameen Danone, cujo objetivo é enriquecer a alimentação das crianças.

Para que uma empresa hoje sobreviva no mercado global, para além de ser economicamente viável tem que ser ecológica e socialmente correta. É fundamental que a Responsabilidade Social Empresarial (RSE) seja benigna, porque infelizmente ainda se assiste a casos em que é negativa, perniciosa ou ilusória, como é visível no exemplo de Bergström & Diedrich (*Exercising Social Responsibility in Downsizing: Enrolling and Mobilizing Actors at a Swedish High-Tech Company* - 2011), relativo a uma empresa sueca de alta tecnologia que recebeu diversos prémios por ser "socialmente responsável", justamente no mesmo ano em que demitiu dez mil colaboradores, ou no exemplo de Moriceau & Guerillot (*Gifted: the monolingualism of corporate social responsibility* - 2012), que refere o caso dos computadores usados que foram doados pela França a escolas do Senegal, através de uma organização não-governamental, mas que não afinal funcionavam e como tal não puderam ser apropriados pelos destinatários, acabando por constituir lixo eletrónico (os países do norte a "livrarem-se" do seu lixo tecnológico enviando-o para os países do sul). Outros exemplos, muitos outros, poderiam aqui ser dados. Parece mais importante salientar que este tipo de RSE, pernicioso e ilusório, em que os resultados das ações e a valorização da responsabilidade se medem por critérios quantitativos e não substantivos, é negativo e tem nome, designa-se *greenwashing* (lavagem verde, em português). Caminhar no sentido de uma autorregulação, que se fundamente menos na competitividade e mais na responsabilidade individual, será uma alternativa, seguramente a mais viável. Ainda assim, os papéis do Estado e da Sociedade continuaram a ser imprescindíveis.

Quando se vivem tempos de abundância, progresso e esperança, raramente fazemos reflexões introspetivas ou nos indagamos como serão os dias do futuro. De forma consciente, todos supomos que deverão ser lindos, carregados de riqueza, paz e justiça. No entanto, hoje não vivemos assim, e mesmo aqueles que não se preocupam com o que pode acontecer no futuro estão receosos por não saberem o que está para chegar, especialmente em relação às alterações climáticas. No entanto, neste processo de responsabilidade individual, os cidadãos são os principais *stakeholders* (intervenientes). É a agência individual que permite fazer a diferença e mudar o paradigma dominante para um novo modelo de organização humana, de harmonia com o cosmos, para que seja possível viver pacificamente na Terra.

Para concluir o texto, sem pretensão de grande exaustividade, algumas dicas do que podemos fazer para alterar os pratos da balança, tornando a nossa vida e o nosso mundo mais sustentáveis.

É fundamental pressionar os poderes dominantes para que acabem com as grandes disparidades mundiais, tanto em termos económicos como em termos de decisões estratégicas que visem o desenvolvimento sustentável. É um desafio que depende da existência de vontade política, de um grande esforço educacional e de coesão por parte dos países com menor rendimento, e de muita vontade interna dos cidadãos dos países desenvolvidos, que podem ceder um pouco aos que pouco ou nada têm.

É fundamental humanizar o padrão de desenvolvimento e garantir a inclusão social. É necessário melhorar o nível de educação, por ser fundamental na valorização do Ser Humano, para permitir maior consciencialização, capacitação e participação crítica da população na ação efetiva e no amplo debate no quadro do desenvolvimento sustentável.

É preciso acabar com o oportunismo, com o individualismo, e com a prática de políticas assistencialistas, para proporcionar uma vida digna a todos os cidadãos do mundo, sobretudo daqueles que habitam com muitas carências e restrições nos países em desenvolvimento. É preciso consciencializarmo-nos, nós que vivemos em países de alto rendimento (desenvolvidos), de que as conceções éticas materialistas e consumistas são proficientes na produção de disparidades, assimetrias, divergências e violência, e não ajudam na introdução de entendimentos conducentes a uma cooperação recíproca.

É imperioso assegurar uma distribuição justa e equitativa dos recursos naturais, bem como a sua utilização racional, e evitar a poluição, nas suas várias vertentes, sendo para isso fundamental compartilhar, informar e disponibilizar tecnologia e formação técnica aos países em desenvolvimento, e apoiá-los financeiramente na concretização de metas objetivas.

A nível individual, das pequenas ações do quotidiano, é importante economizar água (ex. fechar a torneira da água quando lavamos os dentes, tomar banhos rápidos de chuveiro e armazenar num recipiente a água fria que chega antes da quente), fazer a reciclagem de resíduos, evitar o desperdício alimentar (este é o primeiro momento da história em que a fome coexiste com o desperdício de alimentos, o que só pode ser explicado por um grande egoísmo), adotar uma dieta alimentar mais verde, consumir mais alimentos orgânicos (não possuem agrotóxicos) e reduzir o consumo de carne, poupar energia e evitar a ineficiência energética (ex. não ter as janelas abertas quando o ar condicionado está ligado), andar de bicicleta, a pé ou de transportes públicos para ajudar a reduzir a emissão de gases de efeito estufa, evitar o desperdício de papel, reutilizando o verso das folhas, utilizar sacos de papel, ou outros materiais recicláveis, em detrimento dos sacos de plástico e, sobretudo, respeitar o próximo, a pluralidade de pensamentos, evitar os extremismos religiosos, e apostar no diálogo construtivo e intergeracional fundamental nas sociedades envelhecidas.

Com estas propostas, cuja operacionalização depende da nossa vontade e do nosso querer, ingredientes da maior força transformadora que pode existir, é possível imprimir um maior equilíbrio e harmonia à relação entre Ser Humano e Natureza, caminhando para um tratamento equitativo de todas as formas de vida, humana e não humana. No entanto, as alterações terão de envolver a todos sem exceção. Por cada país ou por cada habitante que fique de fora, isolado da teia da vida, reduzem-se proporcionalmente as hipóteses de sucesso.

2 OS GRANDES OBSTÁCULOS À SUSTENTABILIDADE. A FOME E A MISÉRIA. [4]

A fome, do latim *fame*, sempre esteve associada à peste e à guerra. As primeiras fomes em Portugal, em 1202 e em 1310, resultaram de epidemias e fizeram muitas vítimas em toda a sociedade, e não só entre os mais necessitados ou desprotegidos. Em a "Chronica da Ordem dos Cónegos Regrantes do patriarca J. Agostinho", uma das maiores referências da historiografia nacional do seiscentismo, largamente dominante pelo menos até ao Pombalismo, o D. Fr. Nicolau de Stª Maria relata a assistência durante a peste de 1202 nestes termos: "consta das memorias do Cartorio do dito Mosteiro de S. Cruz, que naquella geral fome, e peste que houve neste Reyno pellos annos 1202 reynando El-Rey D. Sancho I morreram trinta e

---

[4] Artigo publicado pela primeira vez na *Revista Pensando em Você. Educação Ambiental*, com o título: "Os grandes obstáculos à Sustentabilidade: a fome e a miséria", ano 2, n.º 5, 2014, p. 71-78. Este artigo foi idealizado como princípio de uma rubrica sobre a sustentabilidade, na sua relação com os Objetivos de Desenvolvimento do Milénio (ODM) (Série: Os grandes obstáculos à sustentabilidade. Tema: A fome e a miséria), mas por vicissitudes várias não teve sequência.

tres Conegos do mesmo Mosteiro de S. Cruz, curando aos feridos da peste, e ministrando-lhes os sacramentos". A peste de 1202 foi trágica em Portugal e em toda a Europa Ocidental, tal como a peste negra de 1348, que teve repercussões devastadoras.

A Idade Média não encerra o ciclo de devastação provocada por epidemias e fomes, mas ganhou erradamente o epíteto de "idade das trevas", devido à maior incidência do problema neste período. Ocorrências semelhantes tiveram lugar na Idade Moderna, onde se destaca o flagelo do ano de 1521, e também na Idade Contemporânea, no século XIX, onde a fome resultou das invasões francesas (1810-1813) e de epidemias (1856-1857).

Como nos referiu Jacques Le Goff, que faleceu no passado dia 1 de abril e ficou para a História como "*l'ogre historien*", na Idade Média tiveram lugar grande parte dos acontecimentos centrais ao desenvolvimento europeu.

Se em épocas passadas a fome estava mais associada aos efeitos de conflitos bélicos e epidemias, que causavam devastação, e aos efeitos da irregularidade climática, que levavam à escassez de alimentos por via de invernos muito rigorosos ou de anos de seca, nos dias de hoje, não se pode considerar que a fome resulte exclusivamente de peste/vírus ou de guerras. Na verdade, **esta é a primeira época da história em que a fome coexiste com o excesso e o desperdício de comida**. Ou seja, hoje existe comida em abundância mas não é devidamente aproveitada, e há pessoas que não têm dinheiro para a comprar e acabam por perecer por desnutrição.

O Institution of Mechanical Engineers, em janeiro de 2013,

produziu o documento intitulado *"Global Food; Waste not, Want not"* (Alimentos Globais; Não Desperdice, Não Queira), onde sintetiza que cerca de metade de toda a comida produzida no mundo vai parar ao lixo, especificando que 30% a 50% dos alimentos disponíveis não são consumidos, ou seja, há um desperdício de 1,2 mil milhões a 2 mil milhões de toneladas de comida. Aqui entra o consumismo, encorajado pelas promoções, que, segundo o estudo, levam os consumidores a comprar mais do que as suas reais necessidades.

No seu relatório anual de 2013, subordinado ao tema *Erradicar a pobreza extrema. Promover a prosperidade compartilhada*, o Banco Mundial aponta como objetivo a atingir até 2030 a redução da pobreza e o aumento da prosperidade compartilhada, apostando na estratégia de mais sustentabilidade social, económica e ambiental. No entanto, a recente edição do "Food Price Watch" (Ano 4, N.º 6, Fevereiro de 2014), recorrendo às estimativas da Food and Agriculture Organization (FAO) e do World Resources Institute, dá conta de que ⅓ da comida produzida a nível mundial não chega ao consumidor, e nós sabemos os motivos, é desperdiçada pelos produtores e pelos vendedores no quadro do que se designa de "culto da perfeição", que consiste na rejeição dos alimentos que apresentam pequenos defeitos ou que escapam ao padrão regulamentar (critérios de seleção baseados no tamanho, aspeto e perfeição), mesmo que tenham alto valor nutritivo e boa qualidade e estejam em excelentes condições para o consumo. O que também pode ser visto como uma estratégia camuflada para inflacionar os preços dos alimentos, ou ainda, como defende Roger Gordon, criador da Food Cowboy, como uma estratégia para assegurar a margem de lucro das superfícies comerciais, porque uma boa fatia dos lucros vêm da venda de produtos frescos, e menos desperdício significa menos lucro para estas grandes e modernas "catedrais do consumo". O que significa, lamentavelmente, que o desperdício faz parte do negócio de produção de alimentos.

Nesta edição ainda é possível observar que entre 25% e 33% da comida produzida é desperdiçada. O que não é novidade, porque estudos anteriores apontavam para que uma típica família americana, constituída por quatro membros, pudesse desperdiçar cerca de meia tonelada de alimentos por ano.

Como evidencia o gráfico seguinte, cerca de 56% do desperdício alimentar ocorre nos países desenvolvidos, onde também são desperdiçadas cerca de 1520 calorias, enquanto muitos países sofrem de subnutrição. Se quisermos, os postulados malthusianos que apontam a superpopulação como a culpada da escassez de alimentos perdem fundamento com tal dimensão do desperdício.

Jim Yong Kim, Presidente do Banco Mundial, aquando da apresentação dos dados referentes a 2013, classificou de vergonhosa a situação que se vive atualmente a nível mundial, em que milhões de toneladas de comida são desperdiçados, não são consumidos ou nem sequer chegam ao mercado, enquanto todas as noites milhões de pessoas vão para a cama com fome, e defendeu a necessidade de combater este problema em cada país de maneira a melhorar a segurança alimentar e acabar com a pobreza.

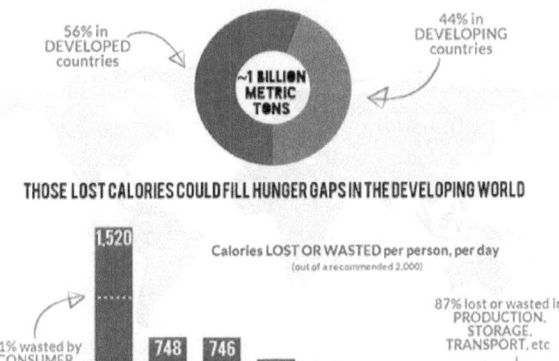

Fonte: Banco Mundial, *Food Price Watch*, n.º 16, ano 4, fevereiro de 2014. Disponível em: http://www.worldbank.org/en/topic/poverty/publication/food-price-watch-february-2014. Acesso em 10/08/2014.

Uma tal situação constitui também um grave desrespeito pela condição humana, contrário aos princípios consagrados na *Declaração Universal dos Direitos do Homem*, que no seu artigo 25.º preconiza que "toda a pessoa tem direito a um nível de vida suficiente para lhe assegurar e à sua família a saúde e o bem-estar, **principalmente quanto à alimentação**, ao vestuário, ao alojamento, à assistência médica e ainda quanto aos serviços sociais necessários, e tem direito à segurança no desemprego, na doença, na invalidez, na viuvez, na velhice ou noutros casos de perda de meios de subsistência por circunstâncias independentes da sua vontade".

Sem renunciar à crítica que os cidadãos merecem, pela manifesta falta de agência, de capacidade de intervir, de responsabilidade social e ambiental, e de ação efetiva na resolução e mitigação dos danos ambientais, é bom destacar que o poder político não saiu, nem poderia sair, isento de culpas. Foram as políticas públicas que inflaram os hábitos consumistas e predatórios observáveis um pouco por todo o mundo ocidental, sobretudo na sociedade civil americana e na canadiana. É por isso que os EUA e o Canadá têm a maior pegada ecológica do mundo, de 8 ha/habitante, quando a Terra só disponibiliza 2 ha/habitante[5]. Importa referir que a Europa também não é um bom exemplo, uma vez que a pegada ecológica média de um cidadão europeu é de 6 ha/habitante (dados de 2011).

Se todos os países tivessem a média americana, seriam necessários quatro planetas para acolher a população mundial e a vida na Terra tornar-se-ia inviável. Esta é uma preocupação que acossa a comunidade humana da Terra pelo menos desde Thomas Robert Malthus (*An Essay on the Principle of Population,* 1798), e que também não deixou indiferentes William Forster Lloyd (*Two Lectures on the Checks to Population*, 1833) e William Stanley Jevons (*The Coal Question*, 1865), ou mais recentemente Meadows et al. (*The Limits to Growth*, 1972), que alertaram para os problemas que podem ocorrer se todo o mundo assumir o padrão de vida americano. Mas nem assim este alerta resfriou o consumismo americano. Em 1990, segundo Thierry Kazazian, um americano de classe média consumia um volume de energia equivalente ao de 3 japoneses, 6 mexicanos, 14 chineses, 38 indianos, 168 bengaleses e 531 etíopes (*Haverá a Idade das*

---

[5] **Pegada ecológica**, conceito de Wackernagel & Rees (1996) - contabiliza a área necessária para abastecer a população humana, ou melhor, para satisfazer as suas necessidades em termos de produtos alimentares, vindos do solo (ex. florestais) do meio aquático (ex. peixe) ou do ar (ex. aves), entre outros.

Coisas Leves: Design e Desenvolvimento Sustentável, 2005, p. 26).

Hoje em dia, o termo fome é definido de diferentes maneiras para designar diferentes realidades, mas destacam-se duas que remetem para situações contraditórias coexistentes no mundo atual: (1) a fome da privação, que nos primórdios assolava a humanidade em geral, causada predominantemente pela irregularidade climática, pelos conflitos bélicos e por epidemias (peste), e que atualmente afeta algumas regiões do planeta devido a causas semelhantes, e (2) a fome da fartura, por alguns designada como "fome emocional", que resulta do excesso de recursos disponíveis, e que também mata, não por falta de comida, mas por comida em excesso.

1) Do ponto de vista físico ou fisiológico, sentimos fome quando o nosso corpo está privado de nutrientes para assegurar as funções inerentes à vida. Cabe aqui fazer a distinção entre fome aguda, provocada por uma sensação efémera de ingerir alimentos, e fome crónica, quando um indivíduo não se alimenta suficientemente durante um longo período de tempo, levando à subnutrição e, no extremo, à desnutrição. A fome neste caso resulta da má-nutrição ou da privação de comida, normalmente devido a pobreza, conflitos políticos ou instabilidade, ou condições agrícolas adversas. É uma fome antiga, característica dos países em vias de desenvolvimento.

2) Do ponto de vista emocional ou psicológico, sentimos fome quando oferecemos ao nosso corpo nutrientes em excesso, ou seja, quando comemos mais do que o nosso corpo

necessita (ex. bulimia). Esta fome contribui para o consumismo e para a predação, implica uma maior ingestão de calorias e contribui para a obesidade, e está na base do desperdício alimentar, pelo que tem de ser combatida. É mais frequente nas atuais sociedades comerciais, suportadas no capitalismo desenfreado e no materialismo compulsivo, onde o tempo de lazer, de descanso e de convívio com a família e amigos é transferido para viagens de negócios e atividades profissionais diversas, onde as relações sociais são virtuais e não geradoras de capital social, portanto, onde os cidadãos vivem cada vez mais isolados. É uma fome que atenta contra os mais elementares princípios da sustentabilidade. É uma fome moderna, característica do mundo ocidental.

Apesar da importância da luta contra a fome, que passa pelo combate ao desperdício alimentar, a verdade é que poucas pessoas falam no assunto ou trabalham nesse projeto, que mais parece tabu. Como refere Josué de Castro, grande erudito nesta matéria, "é realmente estranho, chocante o fato de que, num mundo como o nosso, caracterizado por tão excessiva capacidade de escrever-se e publicar-se, haja até hoje tão pouca coisa escrita acerca do fenômeno da fome, em suas diferentes manifestações" (*Geografia da Fome*, 2003). Naturalmente, teria a sociedade ocidental de começar por anular a fome emocional (o que não acontece, sobretudo na sociedade americana) e, simultaneamente, criar condições para mitigar a fome fisiológica, que assola os países em desenvolvimento.

Isto leva a crer que a pobreza só existe porque interessa a alguém, isto é, alguém vive à custa da pobreza e aposta na sua perpetuação. De tempos (em tempos) surgem uns *flashes* de que se está a trabalhar para a mitigar, mas com muito pouco sucesso. A realidade é só uma: **conseguimos a mundialização da pobreza, mas não do equilíbrio ou da riqueza**. É também isto que defendem Eduardo Galeano e Jean Ziegler, dois grandes humanistas contemporâneos, no documentário *"A Ordem Criminosa do Mundo"* (2012).

Jean Ziegler fala-nos de poderes invisíveis detidos por um reduzido número de pessoas e posicionados atrás dos Estados e das Instituições Internacionais, que não estão submetidos a nenhum controle social, sindical ou parlamentar, mas que comandam em regime oligárquico os destinos da população mundial. Segundo o autor, é esse regime oligárquico que decide quem vive e quem morre neste planeta. Quase no início do seu comentário, aos treze minutos, refere: "poderia utilizar muitos exemplos, mas escolho a fome: todos os dias neste planeta, segundo a FAO, cem mil pessoas morrem de fome ou por causa das suas consequências imediatas. No ano passado, a cada 5 segundos uma criança com menos de 10 anos morria de fome. E no ano passado, também, 856 milhões de pessoas, uma em cada seis, tem permanecido mal nutrida de forma grave e permanente". E tudo isto acontece num planeta que, segundo a FAO, poderia alimentar, em condições normais com 2700 KCAL por dia para um adulto normal, 12 mil milhões de seres humanos ou seja, o dobro da população mundial atual que ronda os 6 mil milhões.

As questões do desenvolvimento brotaram na viragem para o

século XXI, momento único e simbólico muito bem aproveitado pela Organização das Nações Unidas, apostada que estava num quadro alargado de cooperação global com vista à mitigação efetiva da fome e da pobreza.

Ultrapassando o limiar de um simples *flash*, os líderes mundiais reunidos na Cimeira do Milénio da Organização das Nações Unidas (ONU), realizada de 6 a 8 de setembro de 2000, adotaram a Declaração do Milénio e aprovaram os oito Objetivos do Desenvolvimento do Milénio (ODM) a atingir por todos os 189 Estados Membros até 2015. Neste processo foram imperiosas as recomendações do então Secretário-Geral, Kofi Annan. Os quadros seguintes explicam, de forma concisa, a evolução dos ODM.

A listagem oficial de objetivos, metas e indicadores da Declaração do Milênio é muito abrangente, mas interessa-nos aqui destacar o primeiro ODM: **"Erradicar a pobreza extrema e a fome"**. Este foi inicialmente constituído por duas metas e cinco indicadores de monitorização do progresso, a saber: (Meta 1) Reduzir para metade, entre 1990 e 2015, a proporção de pessoas cujo rendimento é inferior a um dólar por dia; (Indicador 1.1) População que apresenta uma paridade do poder de compra (PPC) inferior a 1 dólar por dia; (Indicador 1.2) Índice de intensidade de pobreza; (Indicador 1.3) Participação dos 20% mais pobres no consumo nacional; (Meta 2); Reduzir para metade, entre 1990 e 2015, a proporção de pessoas que sofrem de fome; (Indicador 2.1) Prevalência de crianças com menos de cinco anos com insuficiência ponderal; (Indicador 2.2) Proporção da população que não atinge o nível mínimo de consumo dietético de calorias. Em 15 de janeiro de 2008, este objetivo ganharia mais uma meta, direcionada ao emprego pleno e digno para todos, incluindo mulheres e jovens, e constituída por mais cinco indicadores.[6]

Em termos gerais, os ODM têm dado um forte contributo na luta global contra a pobreza, apesar de vários contratempos, nomeadamente a redução da ajuda financeira aos países carenciados, devido à crise mundial. Não obstante, **os resultados ainda estão muito aquém dos objetivos traçados,** sobretudo na luta pela mitigação da fome, isto quando estamos a pouco mais de um ano de atingir a meta temporal.

Prevalência de crianças com menos de cinco anos com insuficiência ponderal

Crianças com menos de cinco anos com insuficiência ponderal (percentagem)		
	1990	2012
Global	25	15,1
Norte de África	10	5
África Subsaariana	29	21
América Latina e Caribe	7	3
Ásia Oriental	15	3
Sul da Ásia	50	30
Sudeste da Ásia	31	16
Ásia Ocidental	14	6
Oceânia	18	19
Cáucaso e Ásia Central	12	5
Regiões Desenvolvidas	1	2

---

[6] *Official list of MDG indicators* - http://unstats.un.org/unsd/mdg/Host.aspx?Content=Indicators/OfficialList.htm.

Proporção da população que não atinge o nível mínimo de consumo dietético de calorias

	Percentagem de pessoas subalimentadas na população total			
	1990-92	2000-2002	2008-2010	2011-2013 *
Mundo	18,9	15,5	12,9	12,0
Regiões em Desenvolvimento	23,6	19,0	16,0	14,3
Norte de África	<5	<5	<5	<5
África Subsariana	32,7	30,6	26,6	24,8
América Latina e Caribe	14,7	11,7	8,7	7,9
Caribe	27,6	21,3	18,8	19,3
América Latina	13,8	11,0	8,0	7,1
Ásia Oriental	22,2	14,0	11,7	11,4
Ásia Oriental, excluindo a China	9,9	13,9	14,6	11,3
Sul da Ásia	25,7	22,2	18,5	16,8
Sul da Ásia, excluindo a Índia	26,3	21,6	17,2	16,4
Sudeste da Ásia	31,1	21,5	13,8	10,7
Ásia Ocidental	6,6	8,3	9,7	9,8
Oceânia	13,5	16,0	11,8	12,1
Cáucaso e Ásia Central	14,4	16,2	9,2	7,0
Regiões Desenvolvidas	<5	<5	<5	<5
Países menos desenvolvidos (PMD)	38,6	36,2	31,0	29,0
Países em desenvolvimento sem litoral (PMA)	35,6	34,7	27,4	25,2
Pequenos Estados insulares em desenvolvimento (SIDS)	24,8	20,4	17,5	17,9

* projeção

Nesse âmbito, verifica-se que na África Subsariana, no sul da Ásia e na Oceânia o progresso é insuficiente, enquanto na Ásia Ocidental nem sequer existe progresso, podendo mesmo existir um retrocesso (*Millennium Development Goals: Progress Chart*, 2014). Calcula-se que em

2012, de todas as crianças menores de 5 anos, cerca de 15%, aproximadamente 1 em cada 7 crianças, tinham peso abaixo do indicado para a sua idade. Estamos a falar de cerca de 99 milhões de crianças.

As melhorias significativas ocorrem a nível da luta contra a pobreza. Com efeito, se em 1990 quase 50% da população das regiões em desenvolvimento vivia com menos de 1,25 dólares/dia, em 2010, essa percentagem caía para 22%, ou seja, 700 milhões de pessoas tinham saído da situação de pobreza extrema (*The Millennium Development Goals Report*, 2014, p. 4).

Fruto de conflitos na República Centro Africana, no Mali, na República Democrática do Congo, na Síria, entre outros, cerca de 32 mil pessoas/dia abandonaram em 2013 os seus locais de permanência para procurar proteção em outros locais. Esta situação tem vindo a agravar-se e tudo indica que ainda mais se agrave durante 2014, o que significa, no mínimo, mais pobreza e mais fome.

Isto deveria fazer pensar a população mundial alfabetizada e não dominada, a quem é permitido viver em liberdade, no fundo, as sociedades da tecnologia e do conhecimento. É que, comparativamente, as sociedades de caçadores recolectores de facto tinham uma dieta alimentar menos rica em termos calóricos, mas trabalhavam menos horas do que os atuais trabalhadores das sociedades comerciais. A escassez, ou seja, a diferença entre as possibilidades e as necessidades, é gerida pelas sociedades de caçadores recolectores de maneira a tornar a vida menos materialista (baixos níveis de consumo, mais tempo de ócio, mais felicidade e mais convívio familiar, recusa materialista - consideram contraproducente a acumulação de propriedade). Não obstante suprirem as suas necessidades com pouco trabalho, jamais lhes faltou comida, água ou qualquer outro recurso necessário para sua sobrevivência.

Marshall Sahlins designava as sociedades tribais como sociedades da abundância, exatamente pelo facto de terem as suas necessidades materiais e sociais plenamente satisfeitas (Marshall Sahlins, *Stone Age Economics*, 1972). E tudo sem prejudicar o ambiente em que viviam. Dedicavam pouco tempo à produção, procuravam "desejar menos" e tinham menos vontade de consumir, aquilo que hoje, de forma redutora, designaríamos de "lógica do menor esforço" (Marshall Sahlins, *Economía de la edad de piedra*, 1983). Estas sociedades têm uma postura de vida diametralmente oposta à postulada pelas atuais sociedades de consumo, que procuram "produzir mais", algo visto como natural e humano por parte do poder económico.

Não restam dúvidas de que a questão da escassez, fundamento da ciência económica, que leva a produzir opções com vista à gestão e otimização dos recursos, pode hoje em dia ser pensada de uma outra forma que não a materialista. Como essas sociedades, temos de ter a inteligência de integrar o trabalho em outras dimensões da sociabilidade, de querer a riqueza material só dentro do estritamente necessário, e de saber partilhar.

O atual padrão consumista e predatório, que destrói o meio ambiente natural e a biodiversidade, e condiciona o nosso tempo de lazer e de estar com a família, tão exauridos que estamos da vida profissional, é fruto da relação disfuncional que o homem estabelece com a natureza porque se julga superior a ela. Essa disfuncionalidade torna-se muito evidente quando observamos as formas de vida das sociedades tribais, onde o homem é parte da natureza e a ela deve o seu alimento, e obriga-nos a refletir sobre aspetos humanos transculturais, e sobre os "aspetos críticos da moderna civilização industrial, e sobre o seu mitificado progresso" (Xerardo Pereiro, *A produção económica*, 2011/2012).

A pobreza, a miséria e a fome são fortes condicionantes da sustentabilidade. Como refere Boaventura Sousa Santos, a degradação ambiental associa-se a "factores de transnacionalização do empobrecimento, da fome e da má nutrição" que "tiveram entre muitas consequências adversas", a intensificação de culturas, por deficiente gestão dos solos e consequente desertificação, pela salinização e erosão, destruição de florestas tropicais, entre outras (*Pela mão de Alice - o Social e o Político na Pós-Modernidade*, 2013, p. 250).

Também é verdade que são as comunidades mais pobres ou estigmatizadas (devido a preconceitos em razão da religião ou etnia, não necessariamente da cor da pele) que sentem duplamente os efeitos nefastos do dano ambiental. Esse é, aliás, um dos principais desafios do desenvolvimento sustentável (garanti-lo, de facto, para todos e não apenas para uma minoria).

Combater a fome e a pobreza é, pois, essencial a um mundo que se pretende mais sustentável.

HISTÓRIA RESUMIDA DA DECLARAÇÃO DO MILÉNIO
Os Objetivos de Desenvolvimento do Milénio

Os atuais Objetivos de Desenvolvimento do Milénio resumem os objetivos de desenvolvimento acordados em conferências internacionais e cimeiras mundiais celebradas na década de 90 do século XX. Mesmo no virar do século, os dirigentes mundiais intensificaram os contactos a fim de definirem as metas fundamentais da Declaração do Milénio, que viria a ser aprovada em setembro de 2000.

O Secretário-Geral da ONU, Kofi Annan, apresenta o seu Relatório do Milénio, em 2000, intitulado: *Nós, os Povos, as Nações Unidas do Século XXI*. Era a base da *Declaração do Milénio*, onde constam recomendações para o novo milénio.

Na Cimeira do Milénio da Organização das Nações Unidas (ONU), realizada de 6 a 8 de Setembro de 2000, em Nova Iorque, e depois de muitos meses de conversações, foi aprovada a Declaração do Milénio (Resolução A/RES/55/2, de 8 de setembro de 2000). É um documento que integrou as preocupações que vinham de reuniões regionais e do Fórum do Milénio, e reflete as preocupações de 147 Chefes de Estado e de Governo e de 191 países. O objetivo era lançar as bases para um mundo mais pacífico, mais próspero e mais justo, com menos pobreza (*Declaração do Milénio das Nações Unidas*, 2000).

Nesta Cimeira foram estabelecidas as metas do milénio que devem ser atingidas por todos os países até 2015, que ficaram conhecidas como Objetivos de Desenvolvimento do Milénio (ODM). Esses são: 1 - Acabar com a fome e a miséria; 2 - Oferecer educação básica de qualidade para todos; 3 - Promover a igualdade entre os sexos e a autonomia das mulheres; 4 - Reduzir a mortalidade infantil; 5 - Melhorar a saúde das gestantes; 6 - Combater a VIH/SIDA, a malária e outras doenças; 7 - Garantir qualidade de vida e respeito ao meio ambiente; 8 - Estabelecer parcerias para o desenvolvimento.

A seção III da Declaração do Milénio, subordinada ao tema "Desenvolvimento e erradicação da pobreza", serviu de referência para a formulação dos Objetivos de Desenvolvimento do Milénio (ODM).

A designação "Objetivos do Milénio" deve-se ao facto de a Cimeira do Milénio ter ocorrido no início de um novo milénio (em 2000).

Em setembro de 2001, um ano depois, o Secretário-Geral Kofi Annan examina pormenorizadamente de que modo os Estados Membros, os órgãos das Nações Unidas, as organizações internacionais e a sociedade civil estão a pôr em prática as metas determinadas na Declaração do Milénio, aprovada por todos os 189 Estados Membros na Cimeira do Milénio, em Setembro de 2000. Apresenta o relatório "Road Map towards the implementation of the United Nations Millennium Declaration" ("Plano para a Execução da Declaração do Milénio das Nações Unidas") (documento A/56/326), através do qual sugere caminhos a seguir e apresenta "estratégias para avançar" em relação a cada uma das metas da Declaração.

A designação "Objetivos do Milénio" deve-se ao facto de a Cimeira do Milénio ter ocorrido no início de um novo milénio (em 2000).

Em setembro de 2001, um ano depois, o Secretário-Geral Kofi Annan examina pormenorizadamente de que modo os Estados Membros, os órgãos das Nações Unidas, as organizações internacionais e a sociedade civil estão a pôr em prática as metas determinadas na Declaração do Milénio, aprovada por todos os 189 Estados Membros na Cimeira do

Milénio, em Setembro de 2000. Apresenta o relatório "Road Map towards the implementation of the United Nations Millennium Declaration" ("Plano para a Execução da Declaração do Milénio das Nações Unidas") (documento A/56/326), através do qual sugere caminhos a seguir e apresenta "estratégias para avançar" em relação a cada uma das metas da Declaração.

1990 - Ano de referência para os Objetivos de Desenvolvimento do Milénio. Ou seja, faz-se a comparação entre os dados de 1990 e os dados de 2015 para cada objetivo. No primeiro relatório anual do Secretário-Geral das Nações Unidas sobre a aplicação da Declaração do Milénio (A/57/270), compararam os dados de 1990 com os dados de 1999, e com os dados que se pretendiam atingir em 2015.

Em 2002, o Secretário-Geral das Nações Unidas comissionou o "Projeto do Milénio", um plano de ação concreto para o mundo para alcançar os Objetivos de Desenvolvimento do Milénio e para reverter a pobreza extrema, a fome e a doença que afeta bilhões de pessoas.

Sob direção do Prof. Jeffrey D. Sachs, dez grupos de trabalho desenvolveram uma área de trabalho, contributos que foram consubstanciados no relatório: Investindo no Desenvolvimento: um plano prático para atingir os Objetivos de Desenvolvimento do Milénio.

Em 2005, o órgão consultivo independente dirigido pelo Professor Jeffrey Sachs, apresentou as recomendações finais ao Secretário-Geral, em um volume de síntese Investindo no Desenvolvimento: um plano prático para atingir os Objetivos de Desenvolvimento do Milénio. Este relatório enumerou formas de alcançar os Objetivos do Milénio (indicou o caminho a seguir).

Os governos acordaram em fixar 18 metas e 48 indicadores, a fim de avaliar os progressos conseguidos.

3 A IMPORTÂNCIA DA RELAÇÃO DOS FILHOS COM OS PAIS NA CONSTRUÇÃO DA IDENTIDADE, CONTRIBUINDO PARA A SUSTENTABILIDADE [7]

Neste texto aborda-se o conceito de identidade e a importância da relação dos filhos com os pais na construção da sua identidade, do ponto de vista psicológico, contribuindo para o desenvolvimento sustentável.

1. Perspetivas teóricas sobre o conceito de identidade.

A noção de identidade é utilizada em variadas investigações psicológicas como perspetiva de investigação, de que é exemplo a identidade no trabalho ou a identidade sexual.

As várias escolas de psicologia focam esta questão através de

---

[7] Artigo elaborado com base na obra de Markus Neuenschwander (Desenvolvimento e identidade na adolescência. Coimbra: Almedina, 2002), e publicado pela primeira vez no *Portal EcoDebate* (ISSN: 2446-9394), com o mesmo título, em 19/09/2016.

métodos e orientações científicas diferenciadas, utilizando de formas diferentes as noções de identidade, autoconceito e eu.

A teoria de Erikson sobre a identidade adquiriu especial relevância no campo da psicologia. Segundo este autor, "a identidade é um subsistema do ego e designa a sua função: estabelecer um equilíbrio entre as próprias exigências e as exigências sociais" (Neuenschwander, 2002, p. 60). Ou seja, segundo Erikson, a identidade acaba por ser uma ponte entre o eu e o meio. A identidade é construída mediante a necessidade do ser individual de se delimitar do meio que o envolve. Esta separação, que proporciona a formação da identidade individual, é uma condição para a formação da solidariedade em relação aos grupos aos quais o indivíduo pertence, e também para o estabelecimento de relações íntimas.

Para além do aspeto social da identidade que põe em evidência, Erikson também confere importância aos aspetos genéticos. Durante o crescimento o sentimento de unidade interior aumenta, o ser humano adquire capacidade de reflexão e de concretização de projetos.

O autor descreve oito estádios de desenvolvimento psicossocial, que se distinguem através das tarefas de desenvolvimento e de um conflito psicossocial típico.

De acordo com a tese de Erikson, o conflito típico da fase da adolescência é a construção de uma identidade *vs* confusão/difusão.

Frey e Hausser interpretam a noção de identidade proposta por Erikson como resultado de uma reflexão em que vários conteúdos das experiências vividas são reunidos e ligados de forma ajustada numa estrutura definida. Constrói-se deste modo uma continuidade na identidade do indivíduo. Para Erikson, a identidade tem que ser um "sentimento subjetivo de uma semelhança e de uma continuidade fortalecedora" (Neuenschwander, 2002, p. 60).

Apesar das inúmeras críticas ao proposto por Erikson, Neunschwander afirma na sua obra que conseguiu distanciar-se da teoria psicanalista e desenvolver uma teoria do ciclo vital do desenvolvimento da identidade que abrange aspetos sociais, psíquicos e genéticos.

Devido ao mérito da sua obra, Erikson teve bastantes discípulos, entre os quais se destaca Marcia, que distingue quatro estatutos de identidade:

(i) Identidade difusa – quando o ser humano não tem qualquer ideia sobre a sua vida em geral e se desvia dos problemas sem tentar encontrar uma solução;

(ii) Identidade assumida – quando o adolescente é dependente dos pais e assume de forma acrítica a forma como estes veem o mundo. Ele tem medo de situações novas, porque ainda não aprendeu a aceitar exigências e a vencer crises;

(iii) Identidade crítica – nesta fase encontram-se os jovens que, embora se tenham esforçado em diferentes áreas da vida, ainda não obtiveram sucesso. As suas atitudes ainda são influenciadas pelos pais, mas eles já são relativamente independentes da família. Costumam ter uma aparência fora da normalidade, o que pode ser uma forma de tentar encontrar uma individualidade própria;

(iv) Identidade alcançada – depois de uma crise, os jovens adquirem uma ideia de como gostariam de formar a sua família e de orientar a sua atividade profissional. As perspetivas de vida adotadas quanto à família, ao trabalho e à ideologia, são independentes das dos pais.

Segundo a perspetiva humanista da psicologia, as pessoas formam a imagem de si próprias com base na experiência subjetiva. A noção mais importante, segundo Rogers, não é a noção de identidade, mas sim de autoconceito. O autor define autoconceito como sendo "uma forma consistente de perceção estruturada (…) composta por perceções do "eu" ou "me" com o mundo exterior e as outras pessoas" (Neuenschwander, 2002, p. 79). Para este autor, tal como para Freud, o autoconceito surge através da interação com o meio.

Na tradição de Piaget, não é possível encontrar uma noção de identidade unitária, visto existirem na sua obra pelo menos três conceitos de identidade. Mas de uma forma geral, segundo este autor, a partir das ações, constroem-se esquemas que não são estruturados, mas que representam evoluções do comportamento. Os esquemas podem ser coordenados em estruturas, e estas estruturas são variáveis e vão-se adaptando às diferentes condições do meio.

Ao contrário das outras teorias, a identidade para Piaget não é nem uma estrutura nem um conteúdo, mas sim um critério de definição de um equilíbrio estrutural. O paradoxo entre estabilidade e desenvolvimento deixa de ter razão de ser, porque a identidade é tida como uma propriedade do estádio de desenvolvimento desejado, ou seja, o equilíbrio. Desta forma, o autor aborda o conceito de identidade através de fenómenos constantes. No entanto, se no início da sua carreira académica e investigativa tentava explicar estes fenómenos através de funções inatas, no fim da mesma interpreta estes fenómenos de acordo com estruturas de equilíbrio adquiridas.

Depois de descrever todas estas perspetivas sobre o conceito de identidade e autoconceito, Neunschwander (2002) tenta fazer uma definição do mesmo conceito a partir das teorias de Erikson, Marcia e Rosenberg. O autor afirma que a noção de identidade é um produto de identificação, reflexão e adaptação, é um esquema na memória e é parte integrante do nosso conhecimento. O esquema de identidade é construído a partir de acontecimentos específicos relacionados com o eu, a partir das experiências de vida importantes.

O processo de valorização dos objetos e de integração na identidade é designado processo de identificação, e os indivíduos não se identificam só consigo mesmos, mas também com os objetos do seu meio.

2. Relação entre pais e adolescentes no desenvolvimento da identidade.

> "Só se é completamente adulto, quando se tiver perdoado aos pais". Jean Jacques Rousseau

Segundo Erikson e Marcia, o desenvolvimento da identidade é um processo que nunca acaba, mas na adolescência assume especial relevância, existindo mesmo uma pressão social para que os jovens alcancem uma identidade coerente.

A adolescência é "o estádio de desenvolvimento humano que finaliza a infância e introduz [o indivíduo] na idade adulta" (Neunschwander, 2002, p. 134). Todos os indivíduos que alcancem a idade adulta têm de passar por esta fase de desenvolvimento, independentemente da religião ou cultura.

Segundo Piaget, na adolescência ocorrem certos processos específicos, tais como: (i) desenvolvimento do potencial para operações formais; (ii) maturação físico-sexual; (iii) modificação da relação com os outros, devido ao desenvolvimento no campo físico e cognitivo; (iv) aquisição de um estatuto socialmente relevante, com o alargamento das redes de sociabilidade do adolescente que se junta a grupos de indivíduos da mesma faixa etária.

Devido a todas estas mudanças que se operam no ser humano, quer a nível físico quer a nível social, é natural que a adolescência seja um momento difícil mas muito importante no desenvolvimento da identidade do indivíduo.

Os pais são muito importantes para o desenvolvimento da identidade dos filhos, pois é na família que se dá a socialização primária, que são transmitidas regras, normas, valores e comportamentos.

É no seio da família que os adolescentes adquirem um saber coerente sobre si próprios e orientam a sua forma de ver a vida a partir do exemplo dos pais.

Apesar dos adolescentes passarem habitualmente mais tempo com os grupos de pares, os pais possuem bastante influência sobre as suas atitudes e comportamentos.

Sobre esta questão destacamos duas teorias: a teoria da vinculação e a teoria da individualização.

Segundo a **teoria da vinculação,** os pais são muito importantes para o desenvolvimento da identidade dos filhos na adolescência, e os adolescentes com uma relação estável com os pais consideram-nos como um refúgio para ultrapassar as dificuldades.

De acordo com esta teoria, uma relação estável com os pais proporciona a construção de uma identidade integrada, e quando os jovens não têm pais procuram substitutos psicológicos, para o desenvolvimento da sua identidade.

Ao contrário da identidade pessoal, que adquire cada vez mais relevância à medida que a idade vai avançando, a relação com os progenitores ou seus substitutos vai perdendo importância.

De acordo com Erikson, a identidade pessoal define os conteúdos pessoais, tais como a perceção do eu por oposição ao próximo.

A identidade pessoal pode ser descrita da mesma forma que Neunschwander (2002) descreve o conceito de identidade, com base em três dimensões:

(i) Experiências de vida importantes – influenciam a construção de uma identidade forte, e quanto mais experiências mais hipóteses de mudança de estrutura da identidade pessoal;

(ii) Autoestima – é um valor global para a autoimagem e a identidade, porque uma autoestima elevada é quase sinónimo de uma identidade integrada;

(iii) Sentimento de controlo – quando um individuo pensa que pode influenciar o seu corpo, a sua forma de pensar e os seus sentimentos, tem um elevado sentimento de controlo a nível individual.

A outra teoria que aborda este problema é **a teoria da individualização,** que descreve a separação dos pais como um processo de desvinculação e reconciliação, ou seja, de transformação da relação do indivíduo com os pais.

A teoria da vinculação foca uma área diferente da teoria da individualização, ou seja, tem perspetivas diferentes, considerando os vínculos com os pais como apoios essenciais ao desenvolvimento da identidade e distinguindo ainda três tipos de vínculo: (i) inseguro-evitativo; (ii) seguro; (iii) inseguro-ambivalente.

Uma relação segura com os pais é visível não só na interação com estes, mas também durante a sua ausência.

A teoria da individualização, pelo contrário, evidencia até que ponto pais e filhos se diferenciam, e a diferenciação dos pais faz parte do desenvolvimento da identidade dos filhos. Uma separação satisfatória dos pais pressupõe uma forte vinculação paternal que mais tarde torna mais fácil a conquista da autonomia relativa. A separação progressiva é desejável para o desenvolvimento de uma identidade integrada.

A teoria da vinculação não tem em conta a vontade das pessoas, não permite obter dados diferenciados sobre o desenvolvimento dos laços relacionais como permite a teoria da individualização.

A individualização começa desde o nascimento com o corte da ligação umbilical, quando mãe e filho passam a ser dois organismos distintos. O filho, pouco a pouco, começa a ter ligação a outras pessoas, nomeadamente ao pai (e outros familiares).

Os pais têm de satisfazer as necessidades básicas das crianças, que de início estão totalmente dependentes dos seus cuidados.

Segundo Erikson, "a confiança originária surge na criança, da experiência de que entre o mundo e as suas necessidades pessoais existe harmonia" (Neunschwander, 2002, p. 157). A imagem do mundo da criança corresponde à dos pais, a identificação com a família surge assim de forma espontânea.

Depois de conseguir fazer com êxito a separação sujeito-objeto, a criança começa a ter vontade própria, e, quando entra para a escola, a sua rede de sociabilidades alarga-se, oferecendo-lhe assim uma alternativa à família.

A família é muito importante para a criança até à adolescência, mas depois esta valorização começa a ser posta em causa. Os jovens procuram realizar objetivos sozinhos, procuram a diferenciação do sistema familiar e a construção de novas estruturas familiares, tentam reformular as relações familiares procurando a simetria.

Com o decorrer da adolescência há uma intensificação inevitável de relações extrafamiliares, o jovem procura a autonomia nos seus comportamentos e ações.

A emancipação da tutela parental é uma tarefa árdua, mas essencial para o desenvolvimento da identidade do ser humano. Esta emancipação pode decorrer de forma pacífica e gradual ou então de forma conflituosa. Nesta fase os grupos de pares assumem bastante importância na vida dos jovens. A emancipação não se opera da mesma forma em todos os jovens, cada caso é um caso. Erikson (1976) apresenta uma diferenciação entre jovens de sexo masculino e jovens do sexo feminino. Os rapazes "optam por modelos de sucesso da vida social exteriores à sua própria família", as raparigas "encaram o seu futuro pelo prisma das relações interpessoais, em termos de relações futuras com o marido ou com os filhos, ou de popularidade no seu meio popular".

Segundo Campbell, os pais podem apoiar o desenvolvimento dos filhos, ao tentarem estabelecer um equilíbrio entre as relações familiares e o encorajamento para a individualidade. É nesta forma híbrida, entre a manutenção de uma relação saudável com os pais e a conquista da autonomia desejada, que reside a chave para um desenvolvimento da identidade harmonioso. A afirmação "só se é completamente adulto, quando se tiver perdoado aos pais" ilustra bem que a estabilidade na relação entre pais e filhos só se encontra depois de o indivíduo ter conseguido atingir um desenvolvimento harmonioso.

3. A importância do desenvolvimento de uma identidade pró-ambiental, sustentável, na socialização primária.

Os pais têm uma grande influência nas atitudes e comportamentos dos seus filhos, que se constituem durante a socialização primária, e são muito importantes para o desenvolvimento da identidade. Os adolescentes adquirem no seio da família um saber coerente sobre si próprios, e orientam a sua forma de ver a vida tendo como exemplo os pais. É por isso que os pais devem ser conscientes na educação dos seus filhos, para possibilitar a superação da crise atual, que não é só económica e ambiental, é sobretudo uma crise de valores.

Quando uma criança não tem um ambiente familiar saudável e equilibrado, e coabita numa família onde não existem princípios, valores éticos e morais, corre um forte risco de vir a desenvolver um modelo de vida pouco virtuoso, provavelmente conduzido pela inconsequência, com ações e atitudes que podem desorganizar e prejudicar o seu caráter e a sua personalidade. No oposto, quando uma criança nasce numa família consciente da importância da sua contribuição para a sociedade, gera mais capital social, tem maior autoestima, é mais disciplinada e proactiva, e procura constantemente melhorar o seu lugar na sociedade. Não obstante, em qualquer das situações é determinante que os pais intensifiquem o processo de educação para o desenvolvimento sustentável, uma ferramenta indispensável para a construção de novos saberes e atitudes orientados para o desenvolvimento de uma sociedade preocupada com as questões ambientais. Não podemos esquecer que as crianças de hoje são os adultos de amanhã.

A educação ambiental é fundamental, mas em muitas casas continua a ser primitiva, às vezes até inexistente, não por ser um assunto desconhecido, mas porque os conhecimentos não são colocados em prática, logo de nada valerão. Aos pais voltados à inércia pede-se agência, determinação em passar a mensagem, para que todos possamos almejar um mundo melhor. No ensino formal, em simultâneo, é necessário e urgente implementar a tão desejada educação para o desenvolvimento sustentável, que inclua a responsabilidade e solidariedade social, de tal maneira forte e consistente que possa "lutar" contra comportamentos enraizados e menos próprios na sociedade.

Nunca se pode separar a educação dos jovens da educação das suas famílias. No entanto, este é o modelo de Educação Ambiental que tem sido seguido em vários países, incluindo Portugal. Na verdade, não se pode esperar que sejam as crianças a mudar os hábitos dos adultos e a explicar aos adultos a importância da mudança dos comportamentos (mas sabemos que o fazem, e que têm sido bem-sucedidas). A educação ambiental deve ser uma educação de carácter permanente, geral, adaptada às mudanças que se produzem num mundo em rápida evolução, e deve permitir o desenvolvimento de competências a nível da participação ativa, que se pretende também mais efetiva, por parte da população.

4 PROMOÇÃO DA EDUCAÇÃO AMBIENTAL. O CASO DA ASSOCIAÇÃO CULTURAL MOINHO DA JUVENTUDE E DO SEU TRABALHO JUNTO DOS HABITANTES DO BAIRRO DO ALTO DA COVA DA MOURA (AMADORA/PORTUGAL) [8]

A educação ambiental – ou antes, a educação para a sustentabilidade, mais abrangente e integradora, - deve assumir um papel prioritário e fundamental, pelo que os governos, as autarquias e as demais entidades ligadas ao poder central ou a organizações governamentais e não-governamentais devem investir neste processo, enquanto primeiro e mais importante passo no acompanhamento da macrotendência global de defesa e proteção do ambiente.

As campanhas de sensibilização/educação devem ser uma constante e devem fazer parte do dia-a-dia das populações. É que o

---

[8] Artigo publicado pela primeira vez na Revista Pensando em Você. Educação Ambiental, com o título "A Associação Cultural Moinho da Juventude promove educação ambiental junto dos habitantes do Bairro do Alto da Cova da Moura (Amadora/Portugal) ", ano 3, n.º 6, 2015, p. 63-68.

desenvolvimento sustentável económico e social depende da defesa e proteção do ambiente. Há toda uma série de medidas que é possível pôr em prática para proteger o ambiente, no entanto, sem um apoio firme a nível da educação e da divulgação dos conhecimentos adquiridos nesta área, não será possível consciencializar devidamente os indivíduos e exigir-lhes comportamentos proactivos e eficazes.

A educação ambiental eficiente, à semelhança da educação para a mudança e para a democracia a que se refere o Professor Doutor Hermano Carmo, no quadro de uma educação para a cidadania a desenvolver no Bairro Alto da Cova da Moura (BACM), deverá abranger três vertentes bem definidas:

1) Uma vertente comunicacional, desenvolvida através da leitura e da escrita, uma vez que só lendo, escrevendo, trocando ideias e ouvindo opiniões será possível desenvolver um pensamento crítico e interiorizar conceitos, que se enraízam e produzem comportamentos reflexos de proteção do ambiente;

2) Uma vertente representativa, onde o cidadão aprenda a escolher representantes políticos que primem pelo bom exemplo e em cujas políticas ambientais se possa rever; também nesse sentido, o cidadão deve ter consciência da sua capacidade de substituir os seus representantes, caso sinta que estes não o representam de facto;

3) Uma vertente participativa, onde o cidadão aprenda a preparar e a sustentar as suas opiniões e aquilo que considera ser uma mais-valia para a defesa do ambiente, tendo uma

participação ativa na sua esfera de competência nas decisões ambientais.

Porquê a relação com a educação para a democracia referida pelo Professor Doutor Hermano Carmo? Desde logo, porque estas três vertentes se aplicam ao tratamento democrático de qualquer problema social e ambiental. Incluir as três vertentes no âmbito da educação ambiental é essencial, especialmente porque muitos dos comportamentos necessários para ultrapassarmos o atual problema serão mais facilmente assumidos através de um processo democrático de criação de normas do que através de uma imposição regulamentar, sobretudo quando não existe capacidade para a fiscalização do seu cumprimento.

Por fim, cumpre salientar a aprendizagem essencial para a democracia e para a educação ambiental: a capacidade crítica. Esta aprendizagem poderia incluir-se na vertente comunicacional, uma vez que, para além da leitura, escrita, fala e escuta, é essencial aprender a estabelecer um filtro perante a enorme quantidade de informação que é recebida (Edgar Morin utiliza a expressão "nevoeiro informacional") e selecionar a que é mais fiável e a partir da qual poderemos começar a trabalhar nas outras duas vertentes: escolhendo adequadamente representantes e sendo críticos com o seu desempenho na vertente representativa, e tomando decisões bem fundamentadas na vertente participativa.

A Associação Cultural Moinho da Juventude (ACMJ), fundada em 1984 e oficialmente constituída em 1987, reconhecida como instituição particular de solidariedade social (IPSS) em 1989 e como organização não-governamental para o desenvolvimento (ONGD) em 2010, tem como objetivo a conceção e execução de programas e projetos para o desenvolvimento, proteção e promoção dos direitos dos cova-mourenses. Desde a sua fundação, a par do trabalho social, realiza um trabalho notável na área da educação para a sustentabilidade, aproximando as preocupações económicas, sociais, culturais e ambientais às preocupações de governança. No entanto, as atividades culturais, no centro dos seus objetivos, são as que mais revelam a ação transformadora.

São muitas as áreas de atividade da ACMJ, mas os seus princípios de atuação estão bem identificados nas suas dez traves mestras, conforme fotografia a seguir, capturada das paredes do edifício da ACMJ. Destacamos a persistência, a solidariedade, a interculturalidade, o *"empowerment"* (capacitação dos cidadãos para que possam intervir na tomada de decisão), e o respeito e proteção do ambiente, princípios fundamentais para levar à autorreflexão e ao autodesenvolvimento, que permitem a capacitação dos cidadãos para resolveram os seus próprios problemas e os da comunidade, em conjunto, construindo o futuro. Algo raro na nossa sociedade, que vive uma crise de valores sem precedentes, onde mais facilmente se valoriza a vantagem pessoal, ou se teatraliza uma ação filantrópica (retórica de *greenwashing*), como se verifica na Responsabilidade Social Empresarial (RSE) perniciosa (que aumenta os lucros, mas diminui o bem-estar social) e ilusória (que reduz os lucros e o bem-estar social (*The Economist. The union of concerned executives.* January. 2005. http://www.economist.com/node/3555194).

CONTRIBUTOS PARA UM MUNDO MAIS SUSTENTÁVEL

A área geográfica de atuação da ACMJ resume-se ao espaço onde está sedeada, o Bairro do Alto da Cova da Moura (BACM), localizado no concelho de Amadora, distrito de Lisboa, Portugal, um espaço de construção clandestina, marginalizado e ostracizado, conhecido não pelas melhores razões (droga, criminalidade, violência, pobreza, etc.), mas, como diz o ditado, onde a "fama já não corresponde à realidade".

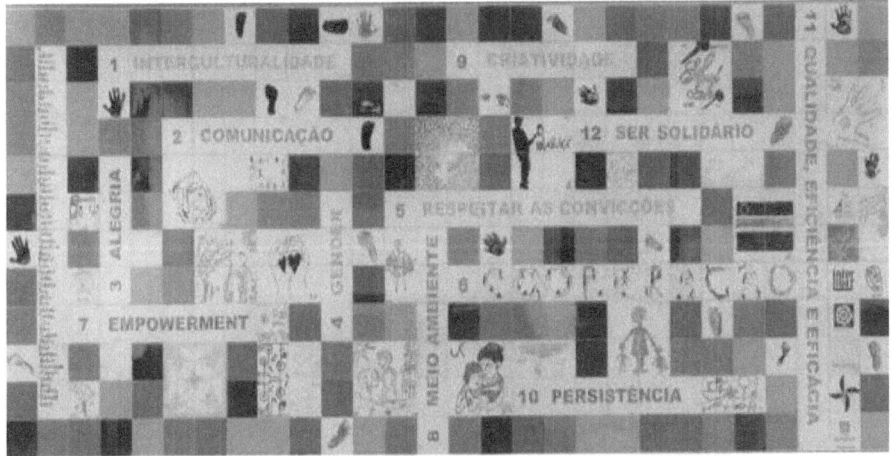

Painel com as traves-mestras da ACMJ, fixado na parede da sede da Associação.

De há alguns tempos a esta parte, a par das atividades de base social e da dinamização da educação ambiental junto dos mais novos, a ACMJ tem desenvolvido esforços de projeto, com vista à execução, de raiz, de uma creche e de um jardim-de-infância em edifício totalmente baseado em construção sustentável, num misto com o sistema de construção ecológica. Nota-se, neste projeto, a superior preocupação com os materiais, para que esses sejam ecológicos (terra, madeira, fardos de palha), livres de substâncias tóxicas e recolhidos localmente, com menor interferência na paisagem, com ela se confundindo, ou que possam ser aplicados e mantidos por mão-de-obra local, beneficiando um ambiente sustentável e reduzindo os custos económicos e ambientais do processo. Destaca-se também o facto de ser um projeto pensado para incorporar estratégias passivas para obtenção do conforto térmico adequado à utilização prevista (jardim-escola e creche) e redução dos custos energéticos.

O projeto há algum tempo que anda para ser executado, e não se prevê quando as obras podem começar, porque a Câmara Municipal de Amadora (CMA) tem impedido a realização da obra ao não conceder a Licença de Construção, sem que se perceba muito bem o motivo. Situação que urge ultrapassar, porque um novo jardim-escola e uma nova creche vão dinamizar o processo de educação, o que é fundamental para o desenvolvimento sustentável. A importância da educação para os cova-mourenses é visível na parede exterior da residência de Godelieve Meersschaert, co-fundadora da ACMJ, também residente no BACM.

A educação para a sustentabilidade, no processo estruturador da sociedade contemporânea, e no caso específico do BACM, não deve ser circunscrita ao ensino formal, deve também alcançar o ambiente familiar e profissional. Neste processo de mudança para um mundo mais sustentável, deve existir não só informação e normas (por relação, contrária, à ideia de anomia de Durkheim no princípio do século XX), mas também, e sobretudo, a perceção, o entendimento e a compreensão da relação humana nas várias vertentes societais com a natureza. Para este objetivo é muito importante a criação de redes geradoras de capital social e promotoras de capacitação *"empowerment"*, algo que a ACMJ tem desenvolvido especialmente junto dos mais jovens.

Grafite na parede exterior da residência de Godelieve no BACM.

"A educação é a mais poderosa arma pela qual se pode mudar o mundo".

A capacitação dos cova-mourenses possibilita uma cidadania mais ativa promotora de soluções colaborativas, eficientes e eficazes nos processos de decisão, e dinamiza a democracia, através do reforço da participação em espaços deliberativos. Note-se que apenas poderá existir uma educação ambiental ativa e eficaz se os cova-mourenses tiverem capacidade de intervenção e de modificação de comportamentos inadequados.

A participação contribui para melhorar a comunicação entre os cova-mourenses e os governantes, porque abre-lhes o acesso a todas fases do processo, e não apenas à fase final de decisão. Uma participação mais ativa contribui para a sua autonomia, uma vez que o poder é partilha do reequilibrado por todos os intervenientes.

Para poderem intervir de uma forma mais adequada e fundamentada, os cova-mourenses têm de adotar uma atitude prospetiva, aprender a decidir sozinhos e em grupo, e investir na aprendizagem e na assimilação de competências comunicacionais. Assim, neste âmbito, devem desenvolver os domínios da leitura e aprendizagem relacionada com educação ambiental, a capacidade de intervir com texto em debates, inclusive no mundo virtual, devem incrementar a oralidade para melhor fundamentarem as suas opiniões, e devem ainda terem a capacidade de escutar as pessoas que apresentam ideias diferentes.

É nesta capacitação que a ACMJ tem trabalhado, apostando mais no provérbio: "água mole em pedra dura tanto bate até que fura", do que no provérbio: "burro velho já não aprende a ler". As crianças que agora frequentam a creche e o jardim-escola, que serão os jovens de amanhã, são o principal alvo da sua ação, em situação diametralmente oposta à população de média e alta idade, junto da qual, salvo melhor opinião, ainda há muito a fazer.

Em resultado deste trabalho, muito meritoso por sinal, a ACMJ foi galardoada no ano letivo de 2013-2014 com o prémio de eco-escola (bandeira verde), a nível de Portugal, atribuído pela Associação Bandeira Azul da Europa (ABAE), uma organização não governamental de ambiente (ONGA), sem fins lucrativos, dedicada à educação para o desenvolvimento sustentável e à gestão e reconhecimento de boas práticas ambientais, e que representa em Portugal alguns programas da Fundação para a Educação Ambiental

(Foundation for Environmental Education - FEE), estruturados em aprendizagem formal, não formal e informal. A seguir algumas imagens.

Pintura no mural
Dia Mundial da Água

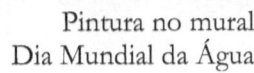

Pintura no mural
Dia Mundial da Água

Horta vertical

Trabalho para o concurso: "quem usa o ecoponto não é tonto".

Quadro alusivo ao tema: o ambiente e a comunidade onde vivemos.

Reutilização de pneus usados para ornamentação do espaço de jardim.

CONTRIBUTOS PARA UM MUNDO MAIS SUSTENTÁVEL

Nos dias 31 de outubro e 1 de novembro 2014, no Bairro do Alto da Cova da Moura (BACM), comemorou-se os 30 anos de existência da ACMJ, os 25 anos do grupo de batuque Finka Pé e os 10 anos do projeto SABURA, pioneiro no turismo étnico português. Para a ocasião, especialmente para a comemoração deste triunvirato, fez-se uma exposição de trabalhos realizados pelas crianças/jovens, onde se destaca a educação para o desenvolvimento sustentável, tanto pelos temas como pelos materiais.

Terminamos este texto com duas fotografias desta efeméride, as quais foram capturadas em 01 de novembro de 2014, pelo autor, durante a comemoração dos trinta anos de existência da Associação Cultural Moinho da Juventude (ACMJ), a quem se deseja o reforço na aposta no desenvolvimento sustentável, mediante a adoção de medidas de promoção económica, de inclusão social, de proteção ambiental e de governança.

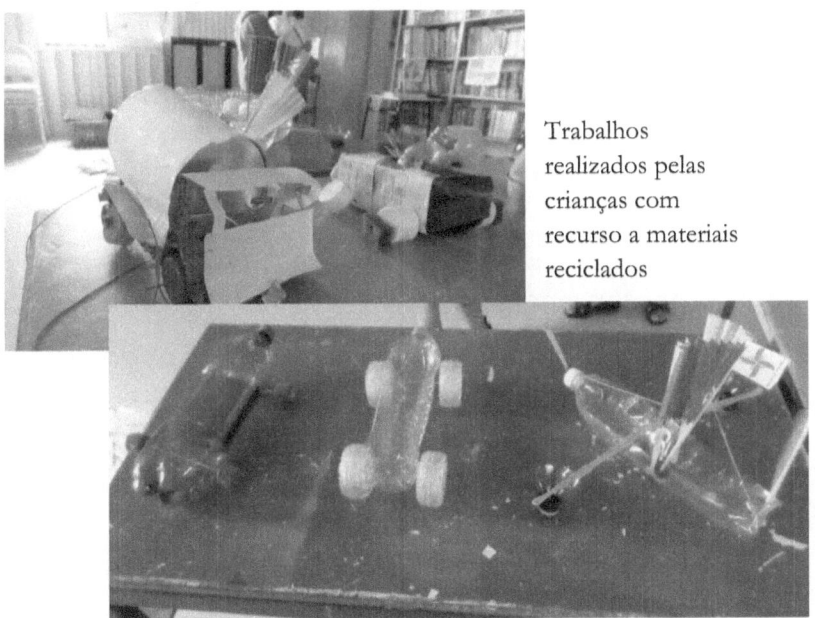

Trabalhos realizados pelas crianças com recurso a materiais reciclados

Sobre a ACMJ…

Ao longo do tempo, a ACMJ tem dinamizado atividades a nível social, cultural e económico, envolvendo crianças, jovens e adultos. As atividades são desenvolvidas em torno de cinco eixos de intervenção: socioeducativo, sociocultural, sociodesportivo, socioprofissional e sociojurídico (vide o site da ACMJ).[9]

A nível social mantém o "Núcleo de Apoio aos Moradores", que luta pela melhoria das condições de habitação, limpeza e higiene do Bairro, a sua legalização e a legalização dos moradores migrantes. Na área da saúde, mantém círculos de debate e apoia ações de prevenção. A preservação e divulgação da cultura de origem dos moradores têm constituído um dos eixos das suas atividades, que se traduzem na criação de diversos grupos de cariz cultural. Destacam-se o "Kolá S. Jon", o "Grupo de Batuque Finka Pé", que até já atuou diversas vezes fora do Bairro, e ainda, de modo especial, o projeto "Sabura", iniciado em finais de março e princípios de abril de 2004, e o "Sabura: Roteiro das Ilhas", inaugurado em 24 de junho de 2006.

A ACMJ também tem estabelecido parcerias, desde os anos 80 (séc. XX), com entidades públicas portuguesas e com diversas instituições e organizações, sobretudo a nível do

---

[9] Disponível em: http://moinhodajuventude.pt/index.php/pt/moinho. Acedido em: 04abr15.

empowerment [10] e da partilha de experiências. Há que destacar aqui o frutífero intercâmbio iniciado nos anos 80 com o "Leren Ondernemen" de Lovaina (Bélgica), sobretudo a nível da formação profissional, da troca de metodologias e da criação de serviços de proximidade. O primeiro curso de Formação de Formadores (em 1994) foi preparado em conjunto com o "Leren Ondernemen" e a Faculdade de Ciências da Educação da Universidade de Lovaina, e desta colaboração cresceu no fim dos anos 90 o contacto com o Departamento de Criminologia da Faculdade de Direito de Lovaina, em especial com Anouk Depuydt e Johan Deklerck, com quem trabalhou e adaptou a "Teoria de Interligação".

Na lista dos itens estruturais da intervenção da ACMJ, ainda consta a questão da construção, de raiz, da creche e do jardim-de-infância, que está diretamente relacionada com a (e condicionada pela) questão da qualificação do Bairro, e um sem fim de atividades ocasionais, comuns em territórios de intervenção prioritária (que carecem de intervenção social e urbanística especial), como é a Cova da Moura.

---

[10] "empowerment" é um conceito que pode ter um vasto leque de significados, interpretações e definições, e de difícil tradução porque se relaciona com o contexto sociocultural e político e incorpora sistemas de valores e crenças locais.

5 MOVIMENTOS DE CIDADANIA AMBIENTAL. O MOVIMENTO DOS POVOS DA FLORESTA AMAZÓNICA. [11]

A delapidação da floresta amazónica tem contornos históricos muito expressivos que tiveram génese na primeira metade do século XVI, aquando da chegada dos primeiros europeus. Às iniciativas de reconhecimento da região, que levaram a designar o Brasil de "Eldorado", seguiram-se a exploração e o povoamento, desprovidos de qualquer preocupação ambiental (A.A.V.V., 2003, p. 83).

No Brasil colonial, a história económica remete para a desenfreada exploração dos recursos naturais, enquanto a história social e cultural reforça as convulsões da escravatura. No Brasil do pós-colonialismo, a história política remete para os movimentos dos povos sem terra, que lutavam pela posse da terra, fonte de sustento e de sobrevivência, e pela preservação ambiental, mas também para os interesses económicos, fruto da excessiva dívida externa do país, que legitimou

---

[11] Trabalho realizado no âmbito da disciplina de Ética e Cidadania Ambiental do Mestrado em Cidadania Ambiental e Participação, frequentada na Universidade Aberta ano letivo de 2010/2011.

o desmatamento desenfreado até aos anos 90 (fim da Ditadura Militar). Em resposta surgiram nos anos 70 os primeiros movimentos ambientalistas, opondo-se à destruição da floresta amazónica, todos eles considerados movimentos sociais mas de conteúdos ambientais, que merecem ser realçados, e que se designaram *Movimento dos Povos da Floresta Amazónica*.

Os movimentos de cidadania ambiental têm subjacente o postulado de que cada um de nós é parte integrante de um ecossistema muito grande, que deve ser protegido, e que o nosso futuro depende da vontade individual em abraçar o desafio conjunto de agir de forma responsável e positiva protegendo o ambiente, protegendo esse ecossistema mundial que têm o direito a existência, e é fonte de vida humana. Para isso, devemos fazer "mudanças no nosso dia-a-dia para sermos cidadãos ambientais todo o dia, todos os dias"[12] e considerar três princípios: (i) "a ideia de que fazemos parte integrante do nosso ambiente"[13]; (ii) "o reconhecimento de que o nosso futuro depende da maneira como cuidamos do nosso ecossistema"[14]; e (iii) um sentido de responsabilidade que conduz à ação em nome do ambiente"[15] (Environmental Citizenship Sites).

O *Movimento dos Povos da Floresta Amazónica* originou-se com a união de todas as comunidades tradicionais (anos 80 do séc. XX) contra a devastação que agropecuaristas e fazendeiros oriundos

---

[12] Texto original: "it's about making changes in our daily lives to be environmental citizens all day, every day".
[13] Texto original: "an idea that we are an integral part of our environment".
[14] Texto original: "recognition that our future depends on how we care for our ecosystems".
[15] Texto original: "a sense of responsibility that leads to action on behalf of the environment".

do Centro-Sul do país estavam a infligir à floresta. Deste movimento destacou-se **a luta dos seringueiros do Acre**, os quais também foram responsáveis pela origem do movimento de forma estruturada, organizada, e capaz de integrar e representar o grosso das populações tradicionais. Os seringueiros tinham como objetivo principal não a terra, enquanto perspetiva económica, mas a preservação da floresta, enquanto perspetiva ecológica.

Caracterização histórico-geográfica

A floresta amazónica, maior floresta equatorial e autêntico pulmão do mundo, localiza-se no território do continente sul-americano que compreende a bacia hidrográfica do Amazonas. Embora de limites imprecisos, liga-se a norte com o maciço das Guianas, a sul com o planalto brasileiro de Mato Grosso e a oeste com os Andes. Está repartida por diversos países, Venezuela, Colômbia, Equador, Peru e Bolívia, mas é na região norte do Brasil que tem a maior extensão, ocupando metade de todo o país (50 00 000 Km^2) (Aoki, 2006, p. 131).

Diversos grupos habitavam as terras que hoje correspondem à região norte do Brasil quando os colonizadores portugueses iniciaram a ocupação e exploração económica deste território, com base na extração dos recursos naturais. Capturaram indígenas para evangelizar e escravizar e importaram de forma maciça escravos de África, sempre dando resposta às necessidades que se foram colocando ao longo dos vários ciclos económicos: pau-brasil e açúcar (séc. XVI e XVII), ouro ou mineração (séc. XVIII), café e borracha (séc. XIX), borracha e desmatamento (séc. XX). O desmatamento ainda hoje persiste visando a exploração da madeira, o estabelecimento de pecuária extensiva (que substitui a mata pelo capim) ou a agricultura intensiva (ex. soja e cana-de-açúcar) para fazer biodiesel (Koshiba & Pereira, 1987).

Todos estes ciclos económicos foram conseguidos à custa da exploração dos recursos minerais, da expropriação de camponeses e indígenas, e da destruição ambiental. Foi em protesto contra esta situação que nos anos 70 (séc. XX) surgiram vários movimentos sociais que defendiam "conteúdos" ecológicos. Estes tinham como principal objetivos a conquista de terra para agricultar em áreas abrangidas pela floresta amazónica, bem como a preservação da floresta, da paisagem natural e da biodiversidade. Estes movimentos sociais eram desencadeados pelos mais desfavorecidos, que viam na defesa ambiental a resposta à pobreza extrema em que viviam (Campos, 2007, p. 33).

Criação do Movimento

Tal como já referido, a ação governativa dos militares foi degradante na gestão social e ambiental. Acabou por ser mais nefasta para os autóctones e para o meio ambiente do que os ciclos económicos que se vinham a verificar desde o século XVI. Se durante o período do colonialismo os colonizadores se deslocavam à região para explorar as riquezas da floresta, num movimento do tipo nómada, com os militares existiu uma deslocação efetiva de população para a floresta amazónica, que se sedentarizou e que expropriou os autóctones para poder expandir a agricultura e a pecuária.

O modelo de latifúndio dos seringais, até então dominante na Amazónia, "propiciava a permanência dos trabalhadores na floresta. O novo latifúndio, a fazenda para criação de gado, promovia a chamada "limpeza do terreno", ou seja, a retirada da floresta e do povo que lá vivia. Repentinamente, índios, seringueiros, ribeirinhos e colonos viram suas terras invadidas e devastadas em nome de um novo tipo de progresso que transformava a floresta em terra arrasada" (A.A.V.V., 2003, p. 94).

Depois de 1975, as populações tradicionais da floresta começaram a organizar-se contra os opressores, criaram estratégias de resistência pacífica, e acabaram por conseguir que fosse criado o primeiro sindicato dos trabalhadores, o Sindicato dos Trabalhadores Rurais de Brasileia, o que acabou por se estender aos vários Estados da Amazónia (A.A.V.V., 2003, p. 94). Este sindicato foi liderado por Chico Mendes[16], considerado um ecossocialista, que viria a tornar-se uma figura incontornável da luta dos seringueiros (até ser assassinado em 1988).

Este movimento de contestação social, dinamizado pelos

---

[16] Foi um forte líder sindical e um ativista ambiental. Após a sua morte o governo brasileiro reconheceu a pertinência do seu trabalho. Enquanto viveu participou ativamente nas lutas dos seringueiros para impedir o desmatamento através dos "empates" (manifestações pacíficas em que os seringueiros protegem as árvores com seus próprios corpos). Organizou também várias ações em defesa da posse da terra pelos habitantes nativos.

seringueiros[17], desenvolveu um conjunto de procedimentos, acabando por definir uma metodologia de luta popular. "Essa experiência tem a sua lógica construída na práxis. Essa lógica tem como componentes constitutivos a indignação e a revolta, a necessidade e o interesse, a consciência e a identidade, a experiência e a resistência, a conceção de terra de trabalho contra a de terra de negócio e de exploração, movimento e superação" (Pontes, 2010, p. 2).

Em 1985, no primeiro Encontro Nacional dos Seringueiros, liderado por Chico Mendes, foi criado o Conselho Nacional dos Seringueiros (CNS), fruto de uma forte consciencialização do problema ambiental, e sobretudo social, resultante da devastação da floresta amazónica. Apesar de o nome remeter para os seringueiros, este Conselho reunia também outros setores populares da Amazónia, tais como os índios, os ribeirinhos, e os castanheiros, entre outros (A.A.V.V., 2003, p. 95).

Características do Movimento

O *Movimento dos Povos da Floresta Amazónica*, encabeçado pelo *Movimento dos Seringueiros do Acre*, apresenta simultaneamente uma vertente social, cultural, económica e ambiental. Este movimento representa as designadas comunidades tradicionais, formadas pelos habitantes mais antigos da região (Norte/Rural). Estes também são denominados povos da floresta, seringueiros, castanheiros,

---

[17] Seringueiro é o personagem típico da região dos seringais. É aquele que extrai o látex das seringueiras e viabiliza sua transformação em borracha natural. Seringalista é o proprietário do seringal (das árvores).

ribeirinhos (habitam junto às linhas de água), indígenas, entre outros, e são assim designados por viverem na floresta e subsistirem por meio dos recursos que esta fornece, praticando o extrativismo e a agricultura de subsistência. Utilizam os recursos de forma sustentável, respeitam a floresta e são responsáveis (Aoki, 2006, p. 146).

Têm uma posição de luta constante, sempre pacífica, sempre na base da negociação, com o poder político e económico (latifundiários). Organizam-se de forma a definir táticas de luta, instruem os intervenientes para poderem ser bem-sucedidos, e exercem pressão no poder político através da comunicação social.

A ocupação da terra, enquanto forma de luta, é uma característica permanente do Movimento, que caracteriza o contínuo na história dos trabalhadores expropriados do país. "Nas últimas décadas, camponeses, posseiros, pequenos produtores, seringueiros e castanheiros, entre outros, são os principais sujeitos dessa luta" (Pontes, 2010, p. 4).

Realça-se o facto de as comunidades tradicionais, pela diversidade cultural, serem rivais, como aconteceu, por exemplo, entre os índios e os seringueiros durante o primeiro ciclo da borracha. Contudo, no momento de se unirem para combater o "inimigo comum", colocaram todas as divergências de lado (A.A.V.V., 2003, p. 95).

Objetivos/Reivindicações

O objetivo do *Movimento dos Povos da Floresta Amazónica* era adquirir terra para trabalhar e assegurar a proteção da floresta, fonte do seu sustento. Para isto fizeram-se ouvir no sentido de obter o apoio das massas populacionais urbanas, para que se indignassem com a exploração que estava a acontecer na Amazónia, e colaborassem na pressão exercida sobre o governo.

O objetivo do *Movimento dos Seringueiros do Acre* era o mesmo[18], mas convém salientar que, para os seringueiros, o principal objeto de trabalho não é a terra, mas a floresta (Porto Gonçalvez, 2009). A floresta tinha de ser salva a todo o custo. As suas vidas dependiam disso. Reivindicavam uma reserva extrativista[19], e conseguiram-na.

Métodos de Atuação

A luta foi longa, complexa, violenta, mas os trabalhadores rurais quase sempre adotaram métodos de luta pacíficos, "como a realização de empates com a participação de mulheres e crianças para impedir as derrubadas da floresta". Não obstante, ao longo do tempo os conflitos foram ficando cada vez mais explosivos e perigosos" (A.A.V.V., 2003, p. 94).

---

[18] Apesar de se estar a falar da mesma coisa em qualquer um dos dois movimentos, deve entender-se a separação dos objetivos porque a fação dos seringueiros, como parte integrante do Movimento dos Povos da Floresta, foi muito mais ativa. O que é natural, porque a floresta estava a ser destruída e os postos de trabalho dizimados. Por outro lado, também defendiam o acesso à terra, mas não tanto como os restantes povos tradicionais da Amazónia.

[19] Uma reserva extrativista é uma área utilizada por "populações tradicionais cuja sobrevivência se baseia no extrativismo e, complementarmente, na agricultura de subsistência e na criação de animais domésticos de pequena dimensão". Tem como objetivo a proteção de todas as formas de vida e da matriz cultural das populações que integram a reserva. Visa ainda assegurar o uso sustentável dos recursos naturais da reserva. As áreas particulares incluídas na reserva são expropriadas e passam a pertencer ao governo federal. A organização e administração são feitas de acordo com a cultura de cada comunidade: "os índios organizam de acordo com o seu modo de vida, os seringueiros e castanheiros o fazem através de associações e cooperativas" (Rodrigues, 2007:*online*).

Atente-se na dificuldade subjacente à participação num empate[20]. Não era uma decisão simples, significava que os trabalhadores tinham de se colocar contra o poder económico, contra aqueles que os exploravam, que lhes retiraram a terra, sem qualquer ajuda do poder político, pelo que muitas vezes havia a indecisão, o receio e o medo. Apesar de serem explorados, ainda era o pouco que recebiam dos latifundiários que permitia o sustento das famílias. Ao lutarem contra "os senhores" significava que teriam de encontrar outro meio de subsistência.

Para reforçar a confiança dos trabalhadores, fazendo-os participar, sem receio, tornando-os opositores ao sistema económico e ao poder político vigente, os mentores do movimento criaram um *sistema em rede*, baseado na confiança, entre todos os elementos que compunham e coordenavam o Movimento (Pontes, 2010).

"Para superar o medo é preciso confiança nas pessoas que compõem e coordenam o Movimento. Assim, Chico Mendes, como líder, tinha a responsabilidade de defender a proposta da reserva extrativista, a luta contra o desmatamento e a autodefesa dos seringueiros, apresentando ideias e referências que permitissem a superação das dúvidas, eventualmente, surgidas sobre as questões, diretamente, afetas aos objetivos do movimento social dos Povos da Floresta. Desse modo, os líderes do movimento social tornam-se importantes referências para os trabalhadores indecisos" (Pontes,

---

[20] "O Empate consistia na reunião de homens, mulheres e crianças, sob a liderança dos sindicatos, para impedir o desmatamento da floresta, prática que se tornaria emblemática da luta dos seringueiros (…). A derrubada da mata significava a expulsão de famílias de trabalhadores (…)" (Porto Gonçalvez, 2009, p. 152).

2010, p. 3).

Para poderem atuar em paralelo ao poder económico (quando os seringueiros boicotavam a atuação dos grandes latifundiários deixavam de ter fonte de sustento), exerciam a mesma atividade de forma clandestina (apoiados pelo sindicato). Isto era possível através dos apoios e alianças que os sindicatos realizavam, por exemplo, com a Igreja Católica local, organizações não-governamentais e centrais sindicais.

Resultados da Atuação

"Essa luta demorou muitos anos para se tornar pública, era uma luta calada, cheia de dor, mortes e pequenas vitórias, mas era uma luta contínua e que começou a dar seus frutos. Começam a despontar seus primeiros dirigentes, entre os quais podemos citar Wilson Pinheiro, Chico Mendes e Osmarino Amancio Rodrigues.

Wilson Pinheiro, Chico Mendes e muitos outros foram assassinados pelas balas dos capangas contratados pelos fazendeiros, quando estavam sob a proteção da polícia e com a conivência do Estado e de seus governos. Só no caso de Chico Mendes, graças a pressão nacional e internacional, foi dada apenas uma leve condenação aos seus assassinos, que, inclusive, já se encontram novamente em liberdade.

Mas foram esses homens e mulheres, que com a marca de seu sangue, em 1975 conseguiram fundar o primeiro Sindicato de Trabalhadores Rurais onde os patrões não poderiam participar, um sindicato só dos trabalhadores" (Rodrigues, 2007:*online*).

Considerando o valor e a natureza da ação (cariz social e ambiental), e o que representa em termos de cidadania ambiental, nem as baixas desta guerra, que são muitas (e.g. dirigentes sindicais, seringueiros), retiram o sucesso do movimento, que teve e continua a ter vitórias importantes. Só na década de 80 o Movimento conseguiu tirar das mãos dos fazendeiros e dos madeireiros 3 052 527 hectares de florestas, o que se traduziu numa vitória direta de 9 174 famílias na luta pela reforma agrária. Esta floresta que passou para a reserva extrativista vai ser cuidada/protegida pelas comunidades tradicionais, que a consideram sensível e delicada, correspondendo igualmente a um incomensurável ganho ambiental. Os autóctones sabem que o solo da Amazónia é pobre e depende diretamente da cobertura vegetal para ser fertilizado. Aliás, este também foi um dos motivos da sua luta, a desertificação causada pelas queimadas.

Entre 1990 e 1995, o Movimento conseguiu aumentar a área de floresta protegida para 5 milhões de hectares. Contudo, segundo Rodrigues (2007:*online*), "ainda existem mais 90 milhões de hectares da Amazónia que são dotadas de potencial extrativista, isto quer dizer que a guerra tem que continuar."

Referências Bibliográficas

A.A.V.V. História da Ocupação da Amazónia. *In: Tom da Amazónia*. Capítulo IV. Rio de Janeiro: Fundação Roberto Marinho, Instituto António Carlos Jobim, Furnas Centrais Elétricas, Eletronorte e Eletrobrás, 2003, p. 76-102.

AOKI, Virginia (coord.). *Projecto Araribá: geografia*. 6.ª Série. São Paulo: Editora Moderna, 2006.

CAMPOS, Antônio Valmor de. *A importância do exercício da cidadania ambiental na evolução do direito ambiental.* Curso de Mestrado Interinstitucional – URI/UNISINOS. Universidade Regional Integrada do Alto Uruguai e das Missões. Disponível em: <www.fw.uri.br/publicacoes/revistach/artigos/capitulo_2.pdf>. Acedido em 29Mai2016.

KOSHIBA, Luiz; PEREIRA, Denise Manzi Frayze. *História do Brasil.* São Paulo: Atual Editora, 1987.

PONTES, Beatriz Maria Soares Beatriz. O movimento social dos povos da floresta: de Chico Mendes à reserva extrativista. *In: Crise, práxis e autonomia: espaços de resistência e de esperanças. Anais do XVI Encontro Nacional dos Geógrafos.* Brasil: Porto Alegre, 2010, p. 1-11. Disponível em: <www.agb.org.br/evento/download.php?idTrabalho=357>. Acedido em 29Jun2016.

PORTO GONÇALVEZ, Carlos Walter. Chico Mendes, um ecossocialista. *OSAL* (Buenos Aires: CLACSO), Ano X, n.º 25, 2009, p. 151-154. Disponível em: <https://cronicadesociales.files.wordpress.com/2009/08/porto-chico-mendes.pdf>. Acedido em 29Jun2016.

RODRIGUES, Osmarino. *Os Seringueiros do Acre continuam a sua luta.* 2007. Disponível em: <webspace.webring.com/people/ca/acao_socialista_br/AC.doc>. Acedido em 14Jan2016.

6 O JARDIM BOTÂNICO DA AJUDA (LISBOA/PORTUGAL) [21]

Os jardins botânicos, à semelhança de museus e boticas, foram locais privilegiados de encontro para naturalistas, estudantes de medicina e nobres ilustres interessados em história natural, desde os séculos XVI e XVII (Sanjad, 2001, p. 23).

Inicialmente denominados "hortus medicus", "hortus academicus", ou "jardins de plantas medicinais", surgiram com o objectivo de aprovisionar as boticas. Eram importantes centros de conservação e formação, respeitados "laboratórios da natureza" associados às Universidades, proporcionavam um desenvolvimento científico de excelência, e permitiam aos investigadores o "conhecimento botânico e medicinal da época" (Findlen, 1996, p. 257). Possuíam, ainda, uma importante função pedagógica, sobretudo depois de terem substituído "as viagens [marítimas] antes necessárias para o conhecimento do mundo natural" (Sanjad, 2001, p. 23).

---

[21] Artigo publicado pela primeira vez na *Revista Pensando em Você. Educação Ambiental*, com o título "O Jardim Botânico da Ajuda (Lisboa/Portugal) ", ano 2, n.º 3, 2014, p. 64-67.

Aqui se aprendia, aqui se ensinava, e daqui se transmitia à sociedade indicações que pudessem melhorar o estado do país em termos agrícolas e medicinais. Segundo Vandelli, o conhecimento dos vegetais e da sua natureza, a melhor compreensão do clima e das propriedades do solo em que nascem os vegetais, as causas da fertilidade da terra, a influência do ar sobre os vegetais, e as regras práticas necessárias para uma boa cultura, tornando a nação mais produtiva e competitiva, representava conhecimento que se adquiria com o estudo da química e da botânica, através de experiências num Jardim Botânico (Vandelli, 1770, p.1).

Em Portugal os jardins botânicos surgiram tardiamente por comparação com as restantes capitais europeias, ainda que nos mesmos moldes, ou ligados às Universidades ou aos estabelecimentos reais.

O Jardim Botânico da Ajuda não foge à regra. Estava ligado à Casa Real, por isso inicialmente era designado Real Jardim Botânico da Ajuda. Como refere Carvalho, este jardim nasceu da necessidade de "proporcionar ao príncipe D. José, filho primogénito da futura rainha D. Maria I e, portanto, destinado à herança do trono, uma educação científica, a par da humanística, que dele faria, futuramente, um monarca esclarecido, digno do «século das luzes» em que nascera" (Carvalho, 1987, p. 66).

O Jardim Botânico da Ajuda surge por altura do desenvolvimento científico setecentista, quando ocorre o maior investimento na História Natural, uma disciplina do quadro geral das ciências e experimentação, período em que os portugueses mais inovaram e melhor investigaram, beneficiando do conhecimento da diversidade natural proporcionada pelos descobrimentos quinhentistas, e da influência do trabalho de cientistas europeus no estudo da Natureza, o que resultou no surgimento de inúmeros ilustres no cultivo das Ciências Naturais.

A construção do Jardim da Ajuda foi ordenada por D. José, em 1765, e as obras foram concluídas em 1768. Domingos Vandelli foi encarregado de delinear e gerir as obras, e Francisco Xavier de Carvalho, Secretário de Estado da Marinha e irmão do 1.º Marquês de Pombal, de as inspeccionar[22]. Surgiu com mais de cem anos de atraso em relação ao congénere Jardim Real de Plantas Medicinais em Paris (1640). Aliás, espaços desta natureza, ligados às universidades, já tinham surgido há mais de duzentos anos, primeiro em Pisa (1543) e Pádua (1545), e mais tarde de Montpellier (1598), Oxford (1621) e Edinburgh (ca. 1670) (Sanjad, 2001, p. 23).

A obra teve custos elevados de construção e manutenção, justificáveis pela necessidade de construir um espaço de investigação académica, e um espaço de lazer e de instrução e formação dos infantes. Na sua localização foi considerado o risco de sismo. Chegou a ter mais de cinco mil espécies dispostas segundo o sistema sexual proposto por Lineu, provenientes dos vários cantos do mundo.

Apesar da importância do Jardim, nomeadamente o evidenciar da diversidade de plantas provenientes dos quatro cantos do mundo em que haviam territórios sob soberania portuguesa, o que patenteava a

---

[22] A Secretaria de Estado da Marinha e dos Domínios Ultramarinos foi reorganizada em 1736 por D. João V.

importância da potência colonial que Portugal representava, a importância científica e pedagógica, os elevados custos de construção, e a finalidade do jardim, um espaço de lazer e de instrução/formação para os príncipes, em particular para D. José, então com 15 anos e destinado a suceder a sua mãe, caso não tivesse falecido, pressuponha-se que após a criação deste espaço o mesmo seria cuidado e protegido de forma exemplar, ou seja, que era um espaço de extremo relevo para a sociedade do século XVIII. Mas verificou-se o oposto, logo após a construção, por evidente desinteresse por parte de Mattiazzi, responsável pela manutenção, que levou em muito pouco tempo ao desaparecimento de muitas espécies de plantas (Carvalho, 1987, p. 66).

O Jardim Botânico da Ajuda, por um lado, consubstanciava a componente científica do jardim, por outro, abordava a parte económica ligando-a à utilidade de um jardim botânico em geral. Constituía-se como espaço experimental de aclimatação e cultura de plantas vindas de todo o mundo, das quais se pudesse vir a retirar benefícios de interesse económico para o reino (Raposo & Silva, 1996).

Não obstante os elementos menos conseguidos, nunca estiveram em causa os propósitos estruturantes para a investigação científica, conservação, educação ambiental e lazer, princípios que se mantiveram ativos até aos nossos dias. É, ainda hoje, um Jardim onde decorrem muitas atividades educativas (ex. curso de jardineiro) e de formação (ex. Educação Ambiental), de lazer (ex. comemoração de aniversários de crianças, grupos de teatro, voluntariado, ocupação de férias, visitas de estudo, etc.), onde se desenvolvem projetos de investigação (ex. programa de troca de sementes), e onde se promovem práticas sustentáveis, "contribuindo para a conscientização pública sobre o processo de extinção de plantas e a importância de sua conservação como sustentáculo da vida na terra" (Rosa Vieira, 2006).

Apesar das dificuldades de orçamentação, transversais a todas as instituições estatais, tem sido possível assegurar a preservação, manutenção, regulamentação e funcionalidade deste Jardim, com mais de mil espécies plantadas numa área de 3,5 ha, e um Banco de Conservação de Sementes, recursos ótimos para a aprendizagem do mundo das plantas.

O espaço está dividido por dois tabuleiros com um desnível de 6,8 m entre eles. O tabuleiro superior surpreende pela beleza de várias espécies, dispostas em canteiros geométricos, e pela magnificência de quatro estufas: das Orquídeas, de D. Luís, das Avencas, e das Begónias. Dispõe de três lagos, o central, de maior dimensão, o nascente e o poente, de menor dimensão. Na paisagem evidencia-se o jardim rochoso, a poente, e o jardim dos aromas, a nascente. Nas matas, de entre a flora mais expressiva, realça-se o Freixo (*Fraxinus angustifólia*) e o *Eucaliptus diversicolor*, cuja coloração vistosa da casca do tronco, a nosso ver, é tão ou mais bonita do que a do eucalipto arco-íris (*Eucalyptus deglupta*). Por fim, na coleção botânica, destaca-se a copa do Dragoeiro (*Dracaena draco*) e da Schotia (*Schotia afra*). No tabuleiro inferir, sobressai a arquitetura das escadarias e dos lagos, a estátua do Infante D. José, e magnificência da fonte das 41 bicas, esbelta quando todas as bicas, na forma de estátuas de cobras, cavalos-marinhos, peixes e rãs, lançam água sobre as plantas aquáticas. O sumptuoso jardim de buxo, aparado e disposto simetricamente, convida à brincadeira dos mais jovens. Destaca-se na paisagem o pormenor do tronco e da copa da gigantesca *Ficus benjamina* e o pormenor da inflorescência de *Platanus hybridus*. No espaço superior e inferir circulam livremente pavões brancos e azuis.

O Jardim Botânico da Ajuda, localizado no coração de Lisboa, e com um lugar muito especial no coração dos lisboetas, tem uma vista privilegiada para o rio Tejo. Permite passear pelo Mundo sem sair de Lisboa, dada a diversidade das suas coleções. É hoje um espaço de referência nacional, apostado na sustentabilidade, e na formação para a educação ambiental. Oferece vários programas, alguns ajustados às necessidades dos visitantes, e muitas outras valências, que poderão ser consultadas na sua página de internet: http://www.jardimbotanicodajuda.com/.

Referências Bibliográficas:

ROSA VIEIRA, M. J. F.. *O jardim botânico vai à escola: Uma atitude de responsabilidade social*. 2006. Artigo em hipertexto. Disponível em: <http://www.infobibos.com/Artigos/2006_2/JB/Index.htm>. Acesso em 27/02/2014.

RAPOSO, C.; SILVA, P. G.. *Contributos para a evolução histórica do Jardim Botânico da Ajuda*, Lisboa: Instituto Superior de Agronomia, 1996.

SANJAD, N. R.. *Nos Jardins de São José: uma história do Jardim Botânico do Grão Pará, 1796-1873*. Campinas: Instituto de Geociências, 2001. Dissertação apresentada ao Instituto de Geociências como parte dos requisitos para obtenção do título de Mestre em Geociências, Área de Educação Aplicada às Geociências. Orientação da Professora Doutora Maria Margaret Lopes.

FINDLEN, P.. *Possessing Nature. Museums, Collecting, and Scientific Culture in Early Modern Italy*. Berkeley: University of California Press, 1996, p. 257.

VANDELLI, D.. *Memoria sobre a Utilidade dos Jardins Botânicos a respeito da agricultura e principalmente da cultivação das charnecas*. Lisboa: Regia Officina Typografica, 1770.

CARVALHO, R.. *A história natural em Portugal no Século XVIII*. Lisboa: ICLP, 1987.

7 A MAIOR FLOR (OU MELHOR, INFLORESCÊNCIA) DO MUNDO! [23]

As flores são, para a Biologia, o órgão de reprodução das plantas, de onde sai a semente ou o fruto, mas, para as pessoas em geral, elas são, antes de mais, uma maravilha da natureza, uma fonte de inspiração, um recurso e um manancial de simbologia. Na Terra, podem simbolizar o nascimento, a energia positiva e a jovialidade, e há ainda quem diga que são o símbolo da beleza feminina, da feminilidade e da fertilidade, pelo seu perfume, beleza e cores variadas, e pela conotação com o ato realizado pelas damas de honor e pelos pajens que transportam as alianças e espalham pétalas de rosa durante os festejos do casamento. No oposto, também podem ser conotadas com a inconstância e a efemeridade da vida, pelo facto de murcharem depressa, ou então com a morte, por emitirem um odor nauseabundo, como acontece com a *Amorphophallus titanum*.

A importância das flores é transversal ao mundo natural e ao

---

[23] Artigo publicado pela primeira vez na *Revista Pensando em Você. Educação Ambiental*, com o título "*Amorphophallus titanum* (Araceae) - A maior flor (ou melhor, inflorescência) do Mundo!", ano 3, n.º º 7, 2015, p. 63-67.

mundo cultural. No primeiro caso, elas servem de alimento aos animais (aves, insetos, etc.) e ajudam na polinização das plantas, atraindo os polinizadores; no segundo caso, são cultivadas para ornamentar, presentear e, não menos vezes, para uso medicinal e culinário. Sem as flores, as plantas seriam todas verdes e a Terra, especialmente na primavera, perderia o espírito e a graça e seria um lugar menos interessante, um lugar insípido.

Existe uma grande diversidade de flores, mas há algumas que se destacam pela sua majestosidade. É o caso da *Amorphophallus titanum*, que se destaca pelas suas características intrínsecas e pelas suas dimensões às quais deve a sua posição entre as maiores flores do mundo.

A *Amorphophallus titanum* (nome científico, que em português significa ("falo gigante sem forma"), também conhecida por flor-cadáver ou jarro-titã (designações comuns em português) e por titan arum (designação comum em inglês), habita as vertentes íngremes das florestas tropicais da ilha de Sumatra, no arquipélago indonésio, entre os 120 e os 365 metros acima do nível médio do mar.

Taxonomia

Classe	Equisetopsida
Subclasse	Magnoliidae
Super ordem	Lilianae
Ordem	Alismatales
Família	Araceae
Género	Amorphophallus
Espécie	*Amorphophallus titanum*

Esta planta germina em florestas tropicais húmidas (bioma da floresta tropical) e localiza-se na região biogeográfica oriental (nativa); mais especificamente é nativa da Indonésia e endémica da ilha de Sumatra, onde é conhecida como "bunga bangkai". É uma espécie do Holoceno recente e foi descoberta pelo botânico italiano Odoardo Beccari em 1879. A sua floração, que pode passar os três metros acima do solo, é rara e imprevisível. A população originária desta planta é comumente conhecida como "Giant Corpse Flower" (flor-cadáver gigante).

A flor-cadáver caracteriza-se por ser solitária e está classificada como planta vulnerável (V) pela União Internacional para a Conservação da Natureza e dos Seus Recursos (UICN), em inglês International Union for Conservation of Nature and Natural Resources (IUCN), tendo sido incluída em 1997 na lista vermelha das plantas ameaçadas de extinção da UICN (*IUCN Red List of Threatened Plants*) compilada pelo Centro Mundial de Vigilância da Conservação. Isto apesar de existirem na Indonésia vários espaços onde é protegida e pelo menos dois de grande escala de onde é nativa e endémica: o Papua's Gigantic Lorenz National Park e o Kerinci Seblat National Park.[24]

---

[24] O Kerinci Seblat National Park é o lugar de todos os imaginários. É um espaço onde se tenta evitar a ocorrência de alterações suscetíveis de provocar a rutura dos ecossistemas, e onde se protege uma ampla variedade de ecossistemas em escalas

Este último espaço ocupa uma área maior do que o estado norte-americano de Connecticut e cerca de duas vezes maior do que a ilha de Bali, com 1,4 milhões de hectares que se estendem por 350 quilómetros de noroeste a sudeste ao longo das montanhas Bukit Barisan cuja altitude varia entre menos de 300 metros e 3800 metros. Trata-se de um parque que ocupa a maior área contínua de floresta primária em repouso na ilha de Sumatra e alberga a maior e a mais alta flor do mundo, a *Rafflesia sp.* e a *Amorphophallus titanum*, respetivamente.

A flor-cadáver nasce como um pequeno tubérculo que atua como um órgão de armazenamento de alimentos e do qual brota uma coluna afilada que cresce vigorosamente até 16 cm/dia, onde estão inseridas as flores minúsculas, protegidas na base por uma bráctea grande, vistosa e solitária, de cor verde por fora e vermelho vivo por dentro, denominada espata. Não se trata propriamente de uma flor, como o nome parece indicar, mas sim de uma inflorescência (conjunto de flores) racemosa em forma de espiga (espadice), pertencente à família das aráceas.

O tubérculo é a maior estrutura conhecida no reino vegetal (no inverno de 2004, o do exemplar existente no Jardim Botânico Real de Kew chegou a pesar mais de 90 kg).

Quando a espata é desfraldada em toda a sua glória, as flores sob o espadice estão prontas para receber os polinizadores. A espata é o único elemento floral que envolve o espadice.

---

que variam do local ao global, e de biomas que variam da várzea tropical à floresta alpina.

A cor vermelha da bráctea, que lhe dá a aparência de um pedaço de carne, e a elevada temperatura do espadice durante a florescência, que chega aos 36 graus e exala um cheiro nauseabundo (semelhante ao da carne em putrefação, lembrando o cheiro de morte), atraem os insetos polinizadores.

Depois da polinização, as flores da espiga, com exceção da região feminina, e a espata caem. As flores femininas que não caem transformam-se em bagas, geralmente vermelhas ou vermelho-alaranjadas, e são, segundo algumas observações, comidas pelos pássaros. Existe carência de estudos científicos sobre o processo de polinização, mas aponta-se como agentes de polinização mais prováveis as moscas e os besouros (segundo o especialista Wilbert Hetterscheid).

Esta planta torna-se uma atração especialmente durante a floração, que se prolonga por apenas 24 a 48 horas e termina com a morte das flores e a sua substituição por uma única folha com vários metros de altura e de diâmetro.

Nos jardins botânicos onde é cultivada e está exposta, a flor-cadáver suscita a curiosidade e conquista a atenção do público por dois motivos: primeiro, porque desenvolve uma das maiores estruturas de floração de que há conhecimento; segundo, devido ao fedor que exala durante a floração, pela noite dentro até de madrugada, e que está bem posicionado entre os piores do reino vegetal. O odor intenso e desagradável que exala ("cheiro a cadáver") tornou-a famosa e popular, transformando-a numa atração turística.

Esta planta pode ter uma longevidade de 40 anos, mas o facto de florescer apenas três ou quatro vezes durante toda a sua vida (grosso modo, de década em década) confere-lhe grande relevância ao nível botânico.

Quando abre, consome grande parte da energia armazenada para produzir o calor e o mau cheiro que vão atrair os polinizadores, e é por isso que abre tão poucas vezes.

A flor-cadáver atinge mais de três metros de altura e o atual recorde mundial pertence a um exemplar com 3,1 metros cultivado nos Estados Unidos.

Em Portugal não existe qualquer exemplar desta planta, mas existe em grande quantidade o bem conhecido jarro (copo-de-leite) pertencente à mesma família. No Brasil existem vários exemplares, nomeadamente no Jardim Botânico de Inhotin, na cidade de Brumadinho, em Minas Gerais, onde em dezembro de 2010 ocorreu a primeira florescência alguma vez registada em toda a América Latina (e que tenha sido divulgada).

Esta planta floresce raras vezes na natureza (não endémica) e menos ainda em cativeiro. O seu cultivo fora do seu habitat natural tem-se revelado muito difícil. Mesmo com solo adequado e boas condições climatológicas, demora quase seis anos até florescer e só se reproduz através de sementes. São poucos os locais no mundo onde se consegue cultivá-la com sucesso. No entanto, em 1889, assistiu-se pela primeira vez ao florescimento de um exemplar no Jardim Botânico Real de Kew no Reino Unido.

É de louvar a tentativa de cultivo desta planta em cativeiro, porque as florestas tropicais de Sumatra estão fortemente ameaçadas pela exploração ilegal de madeiras e pelo extrativismo ilegal, e ainda pelo desmatamento para construção de acessibilidades e para produção agrícola, especialmente nas partes baixas, até aos 1200 metros de altitude. Estima-se que a Indonésia tenha perdido cerca de 75% da sua floresta original, uma delapidação semelhante à operada na Europa, se não antes, por altura da Revolução Industrial.

As consequências da redução do habitat da flor-cadáver são significativas e põem em causa a estabilidade da cadeia trófica. Neste momento, já está em perigo o calau-rinoceronte (*Buceros rhinoceros*), uma espécie de ave importante na distribuição de sementes.

Calau-rinoceronte (*Buceros rhinoceros*)

CONTRIBUTOS PARA UM MUNDO MAIS SUSTENTÁVEL

Recentemente, no dia 2 de março de 2015, no Fullerton Arboretum, localizado a nordeste do campus Universidade do Estado da Califórnia em Fullerton (Estados Unidos da América), desabrochou e esteve disponível ao público, durante pouco mais de 24 horas, um belíssimo exemplar da flor-cadáver. Esta foi, aliás, a quarta vez que floresceu neste jardim um exemplar desta espécie (a primeira vez foi em 2000, seguindo-se mais duas, em 2003 e 2006).

Para saber mais:

Werner, S. 2004. Environmental knowledge and resource management: Sumatra's Kerinci-Seblat National Park. Berliner Beitrge zu Umwelt und Entwicklung, Vol. 22.

Purwantoro, R.S.; Latifah, D. 2013. *Ex Situ Conservation of Amorphophallus titanum (Becc.) Becc ex Arcang: Propagation by Leaf Cuttings*. 4 th International Conference on Global Resource Conservation & 10th Indonesian Society for Plant Taxonomy Congress. Brawijaya University, February 7-8 th, 2013.

Bettinger K. (2014). Death by 1,000 Cuts: Road Politics at Sumatra's Kerinci Seblat National Park. *Conservat Soc*. Vol. 12, n.º 3, p. 280-293. DOI: 10.4103/0972-4923.145143.

Brown, D. 2010. *Aroids: plant of the Arum family*. 2ª ed. Oregon: Timber Press.

SOBRE O AUTOR

Marco Pais Neves dos Santos é licenciado em Geografia e Planeamento Regional (2009) e História (2011) pela Faculdade de Ciências Sociais e Humanas da Universidade Nova de Lisboa, e mestre em Cidadania Ambiental e Participação (2012) pela Universidade Aberta de Portugal. Frequenta na mesma instituição o Doutoramento em Desenvolvimento Social e Sustentabilidade, tendo recebido bolsa de investigação concedida pela Fundação para a Ciência e a Tecnologia, I. P. (FCT, I. P.), no ano de 2016, para a realização da tese com o título: "Pesca Artesanal no Estuário do rio Tejo - Contributos para o seu melhor conhecimento, melhoria da sustentabilidade socioeconómica e proteção do ambiente costeiro". É autor de vários livros e artigos publicados em revistas indexadas, investigador do MARE - Centro de Ciências do Mar e do Ambiente, e integra a carreira de técnico superior do quadro de pessoal do Instituto dos Mercados Públicos, do Imobiliário e da Construção, I.P. (IMPIC, I.P.). Av. Júlio Dinis, n.º 11, 1069-517 Lisboa, Portugal. E-mail: marcopaissantos10@gmail.com.

www.ingramcontent.com/pod-product-compliance
Lightning Source LLC
Chambersburg PA
CBHW031443210526
45464CB00005B/2310